江苏省治涝水文分析理论与实践

何孝光　朱大伟　著

中国水利水电出版社
www.waterpub.com.cn
·北京·

内 容 提 要

　　本书针对江苏省涝区自然地理、气象水文和河流水系等特点，提出了全省涝区划分和分类治理的方法，系统介绍了全省涝区的治涝水文计算方法和理论，以里下河地区为研究实例，利用地理信息系统等先进的技术方法和手段，建立了平原河网地区治涝水文水动力数学模型，并应用于该区域的治涝规划工程研究。全书共分为七章，主要内容包括：绪论、治涝标准拟定、江苏省涝区情况及区划、治涝水文计算方法、主要承泄区水位分析方法、里下河地区水文水动力河网治涝模型等。

　　本书既适合水利工程规划设计技术人员学习使用，也可作为高等院校相关专业的参考书。

图书在版编目（ＣＩＰ）数据

江苏省治涝水文分析理论与实践 / 何孝光，朱大伟
著． -- 北京 : 中国水利水电出版社，2019.11
ISBN 978-7-5170-8275-0

Ⅰ．①江… Ⅱ．①何… ②朱… Ⅲ．①除涝－水文分
析－研究－江苏 Ⅳ．①P333.2

中国版本图书馆CIP数据核字(2019)第280744号

书　　　名	江苏省治涝水文分析理论与实践 JIANGSU SHENG ZHILAO SHUIWEN FENXI LILUN YU SHIJIAN
作　　　者	何孝光　朱大伟　著
出 版 发 行	中国水利水电出版社 （北京市海淀区玉渊潭南路 1 号 D 座　100038） 网址：www. waterpub. com. cn E - mail：sales@ waterpub. com. cn 电话：（010）68367658（营销中心）
经　　　售	北京科水图书销售中心（零售） 电话：（010）88383994、63202643、68545874 全国各地新华书店和相关出版物销售网点
排　　　版	中国水利水电出版社微机排版中心
印　　　刷	北京瑞斯通印务发展有限公司
规　　　格	184mm×260mm　16 开本　8 印张　195 千字
版　　　次	2019 年 11 月第 1 版　2019 年 11 月第 1 次印刷
定　　　价	**48.00 元**

前　言

　　江苏省地处江淮沂沭泗流域下游和南北气候过渡带，地势低洼，暴雨多发，平原洼地的高程偏低，导致因洪致涝的问题突出，涝灾频发。由于治涝面广量大、长期投入不足，易涝区涝灾问题一直是水利发展中的短板，涝灾损失接近或大于洪灾损失的情况已很普遍，直接影响群众的生产生活和经济社会发展。开展治涝规划和治涝工程研究，对保障涝区经济社会发展以及国家粮食安全具有十分重要的意义。

　　针对洪涝灾害频发的问题，中华人民共和国成立以来，江苏省先后投入大量人力物力进行了防洪、挡潮、除涝、降渍等水利工程建设，基本形成了洪涝分治、高低分排的防洪除涝工程体系，实现了外河水位与地下水位的有效控制，保证了工农业生产持续稳定发展和群众生活安定。但区域治理总体滞后，各涝区普遍存在外排出路不足、内部河道淤积与行水能力下降、河湖水域侵占与调蓄能力衰减，以及涵闸泵站老化失修等问题。至 2014 年全省部分地区除涝标准还较低，淮河流域各涝区基本达到 5 年一遇、部分因洪致涝洼地 3～5 年一遇，沿江和太湖各涝区 5～10 年一遇，不能适应全省全面建成小康社会和率先基本实现现代化的要求。据统计，2000 年以来，江苏省年均因洪涝受灾面积达 1033 万亩，成灾面积 487 万亩，绝收面积 141 万亩，受灾人口达 489 万人，年均直接经济损失达 47 亿元。相对洪灾而言，涝灾更频繁、影响范围更广、持续时间更长，经济损失也相对较大。涝灾频发仍然是江苏省水利工作中的突出问题，治涝工程体系仍然是江苏省水利工程体系中的薄弱环节，治涝建设是今后一个时期全省水利建设的主要任务之一。

　　本书的出版得到"十二五"国家科技支撑计划项目（2015 BAB07B01）和江苏省平原地区水利工程技术研究中心建设项目（BM2019330）的出版资助。

　　限于编者水平，书中错误难免，恳请读者批评指正。

编者

2019 年 10 月

目 录

前言

第一章　绪论 ·· 1
　第一节　治涝常用名词解释 ·· 1
　第二节　洪涝灾害概述 ·· 1
　第三节　治涝工程体系 ·· 5

第二章　治涝标准拟定 ··· 7
　第一节　治涝标准指标 ·· 7
　第二节　涝区范围 ·· 8
　第三节　治涝标准 ·· 8

第三章　江苏省涝区情况 ··· 12
　第一节　自然地理 ·· 12
　第二节　气象水文 ·· 12
　第三节　水系概况 ·· 12
　第四节　社会经济 ·· 14
　第五节　涝区概况 ·· 14
　第六节　涝灾情况 ·· 15
　第七节　治涝过程 ·· 19
　第八节　涝区治理现状 ·· 20

第四章　江苏省治涝区划 ··· 22
　第一节　治涝范围 ·· 22
　第二节　涝区划分 ·· 22
　第三节　涝区分类 ·· 25
　第四节　涝区分类治理方法 ·· 26
　第五节　涝区治理格局 ·· 27

第五章　治涝水文计算方法 ··· 33
　第一节　水文气象 ·· 33
　第二节　水文基础资料 ·· 38
　第三节　水文分析方法 ·· 38
　第四节　省际边界河流水文水利计算 ·· 47

第五节　典型圩区排模计算 ……………………………………………… 48

第六节　典型涝区水文分析案例——烧香河流域设计洪水计算 ……… 52

第六章　主要承泄区水位分析方法 …………………………………… 66

第一节　验潮站情况 ……………………………………………………… 66

第二节　潮位分析方法 …………………………………………………… 67

第三节　排涝设计潮型的确定 …………………………………………… 69

第四节　重点区域与河湖承泄区控制水位分析 ………………………… 72

第七章　里下河地区水文水动力河网治涝模型 ……………………… 75

第一节　里下河地区概况 ………………………………………………… 75

第二节　技术路线及方法 ………………………………………………… 79

第三节　基础数据与处理分析 …………………………………………… 85

第四节　模型构建 ………………………………………………………… 92

第五节　模型率定验证 …………………………………………………… 102

第六节　工程案例计算分析——规划工程效果分析 …………………… 108

参考文献 ………………………………………………………………… 122

第一章

绪　　论

第一节　治涝常用名词解释

涝区：雨水过多，排水不及时，常易在地面上产生积水的区域。

涝灾：因雨水过多未能及时排除对农作物、设施等各类财产和人类活动产生的危害。

治涝标准：保证涝区不发生涝灾的设计暴雨频率、暴雨历时、涝水排除时间及排除程度。

排涝模数：相应于治涝标准的涝区单位面积上的排水流量。

设计排涝流量：相应于治涝标准的排水流量。

设计排涝水位：相应于治涝标准且不产生涝灾的排涝沟渠、河道、滞涝区和承泄区控制水位。

蓄（排）涝起始水位：排涝期开始时，排涝沟渠、河道和滞涝区等水位不得超过或须降至其下的水位。

蓄涝水面率：涝区内滞蓄涝水区域的水面面积占涝区总面积的百分比。

滞涝区（蓄涝区）：涝区内可以滞蓄涝水的坑塘、洼地、河道、湖泊等区域。

承泄区：涝区外承泄或容纳涝区涝水的江河、湖泊、海洋等区域。

第二节　洪涝灾害概述

中国是世界上自然灾害最严重的少数国家之一，灾害种类多、发生频次高、分布地域广、造成损失大。常年受灾人口在 2 亿人次以上，近 10 年来每年因自然灾害造成的经济损失都在 1000 亿元以上。随着国民经济的发展、生产规模的扩大和社会财富的增长，自然灾害造成的损失也在逐年上升，已经成为影响中国经济发展和社会安定的重要因素。

洪涝灾害具有发生频次高、影响范围广、造成损失大和突发性强等特点，自古以来就是人类高度关注和深入研究的自然灾害之一，在联合国关注的 15 种主要自然灾害中，洪涝灾害的破坏程度最为严重，所造成的死亡人口最多。亚太地区包含世界上最大的大洲、大洋，气候复杂多变，区域差异明显，成为洪涝灾害发生最频繁的地区，1900—2010 年全球共发生洪涝灾害 2806 次，造成死亡人口 689.19 万人，受灾人口 28.5 亿人次，经济损失达 2.65 万亿美元。其中，亚洲发生洪涝灾害 1125 次，死亡人口 676.25 万人，受灾人口 27.4 亿人次，经济损失达 1.32 万亿美元，分别占全球的 40.1%、98.1%、96.1% 和 49.8%。此外，洪涝灾害在亚洲自然灾害造成的损失中所占比重较大。据统计，1900—2010 年亚洲共发生各类自然灾害 3402 次，造成死亡人口 1728.36 万人，受灾人口 52.3 亿人次，经济损失达 4.61 万亿美元；洪涝灾害的发生次数、因灾死亡人口、受灾人口和经济损失分别占亚洲自然灾害总量的 33.1%、39.1%、52.4% 和 28.6%。可以看出，洪涝灾害所影响人口占各类自然灾害的 1/2 以上，其发生次数、造成死亡人口和经济损失占各类自然灾害的 1/3 左右。因而，亚洲是世界上自然灾害最为严重的地区，洪涝灾害又是亚洲地区主要的灾害类型。随着经济社会的快速发展，人类活动和气候变化对洪涝灾害的影响越来越明显，经济全球化趋势则会进一步放大洪涝灾害的影响。亚洲太平洋地区地形条件复杂、地域辽阔，虽有少数经济较发达的国家和地区，但大部分国家属于发展中国家，还有极度贫困落后的地区，集中了全世界绝大多数的贫困人口，是新兴经济体集中分布的区域。一方面，经济快速发展，社会财富高度集中，人口密度较大；另一方面，基础设施、防灾减灾能力建设相对滞后，受各类自然灾害的影响比较严重。

从全球范围来看，洪涝灾害主要发生在多台风暴雨地区，由于台风是产生于热带海洋上的强热带气旋，经过时常伴随大风、暴雨或特大暴雨等强对流天气，短时强降雨经常会诱发一系列次生灾害和衍生灾害，形成灾害链，台风和暴雨不仅能直接诱发洪水、涝渍、水土流失、风暴潮、巨浪等直接灾害，还会通过洪水和风暴潮进一步引发崩塌、滑坡、泥石流、海水污染和机械故障等衍生灾害，且衍生灾害之间又会相互影响，引起病虫害、断电、火灾等，从而加重洪涝灾害的影响。洪水一般发生在汛期和以降水为主要补给的河流的中下游地区。涝渍是洼地积水不能及时排除的现象，多发生在蒸发弱、排水不畅的低洼地。由于洪水和涝渍往往接连发生，在低洼地区很难截然分开，一般统称为洪涝。洪涝灾害既有自然属性，又有社会经济属性。自然属性是指洪水的自然变异程度达到一定标准，主要受地理位置、气候条件、地形地势等因素的影响。从地理位置看，洪涝往往发生在大陆边缘地带；从气候因素看，洪涝灾害主要集中在中低纬度台风暴雨多发地区，如亚热带季风区、亚热带湿润气候区、温带海洋性气候区；从地形因素看，地形地势对洪涝灾害的强度、空间分布影响显著。

从近 20 年亚太地区洪涝灾害变化趋势来看，受全球气候变化等因素的影响，极端天气气候事件及其引起的洪涝灾害明显增多，造成的死亡人口和经济损失总体呈上升趋势。由于西太平洋地区是台风主要发源地，面对太平洋的东亚、东南亚因台风暴雨发生洪涝灾害的概率显著高于其他地区，中亚由于远离大洋，降水稀少，发生洪涝灾害的次数极少；太平洋地区则由于直接面对大洋，经历较多的台风暴雨而形成洪涝。在洪涝灾害造成死亡人口方面，尽管南亚发生洪涝灾害的次数通常低于东南亚，但死亡人口显著高于东南亚，主要原因是南亚受地形影响较大，大的台风暴雨过程易受喜马拉雅山阻挡使灾情放大；东南亚地区多平原和丘陵，能够使台风的能量逐渐释放殆尽，同一规模的台风暴雨对不同区域的影响显著不同。关于经济损失，在洪涝灾害发生次数相近的情况下，东亚地区的经济损失显著高于其他地区，主要由于东亚地区经济比较发达，一次较大洪涝灾害可能摧毁多年的经济积累。亚太地区洪涝灾害的发生次数、死亡人口和经济损失均具有明显的月际变化特征。从发生次数看，东亚地区洪涝灾害的频发期为6—8月；南亚地区洪涝灾害的频发期为6—10月；东南亚、西亚和太平洋地区全年均有发生，其中东南亚总体发生次数较多，仅在3—5月出现一个低谷，其他月份较为平稳；西亚洪涝灾害发生频次较高的是3—8月，但相对其他地区全年各月份差异较小。太平洋地区的洪涝灾害主要发生在秋冬季节，也就是南半球的春季和夏季。

根据亚太地区41个典型国家1990—2010年洪涝灾害特征分析，东亚的中国和南亚的印度洪涝灾害发生次数合计达287次，占亚太地区洪涝灾害发生总数的26.28%，中国、印度发生洪涝灾害次数较多，与两国广阔的国土面积和多种气候类型有关。此外，印度尼西亚、伊朗、孟加拉国、菲律宾、泰国、阿富汗、越南、巴基斯坦8国洪涝灾害的发生次数均超过45次。相对而言，西亚的科威特、伊拉克、黎巴嫩、约旦、中亚的乌兹别克斯坦、土库曼斯坦和太平洋地区部分国家洪涝灾害的发生次数较少。洪涝灾害造成的死亡人口、受灾人口以及经济损失也大致呈现类似规律。但是每次洪涝灾害造成损失与洪涝灾害总体损失的分布规律不同。例如，每次洪涝灾害造成死亡人口最多的不是印度和中国，而是尼泊尔，高达178.85人/次。柬埔寨、塔吉克斯坦、不丹、朝鲜、韩国、也门等国家发生洪涝灾害的次数并不多，但平均每次洪涝灾害造成的死亡人口在亚太各国中相对较多。在洪涝灾害发生次数相对较多的斯里兰卡、马来西亚和澳大利亚，平均每次洪涝灾害造成的死亡人口较少。洪涝灾害造成的死亡人口既与当地防洪减灾能力有关，也与当地人口密度相关。每次洪涝灾害造成经济损失最高的国家为朝鲜，达到11.34亿美元/次，主要原因是朝鲜的经济发展水平相对落后，防洪减灾能力比较薄弱。除朝鲜外，每次洪涝灾害造成经济损失较高的国家是中国和日本，分别达到9.54亿美元/次和6.63亿美元/次。可以看出，每次洪涝灾害造成经济损失与亚太各国的经济密集度高度相关，中国、日本、韩国、印度均是亚太地区经济发展水平相对较高的国家，在空间布局上经济密集度较高，每次洪涝灾害造成的经济损失也较高。

受季风以及地理位置、地形和地貌等因素影响，中国是世界上洪涝灾害频发且严重的国家，洪水灾害不仅范围广、发生频繁、突发性强，而且损失大。据统计，20世纪90年代以来，中国年均洪涝灾害对国民经济造成的直接损失在千亿元以上，其中1998年长江发生了全流域大洪水，嫩江、松花江发生了流域性特大洪水，西江和闽江也发生了特大洪水，全国因洪灾死亡4150人，直接经济损失达2550.9亿元。进入21世纪，中国暴雨洪涝呈现新的特征，主要体现在中小河流洪水、山洪、暴雨诱发的泥石流和滑坡，以及城市内涝灾害频发，造成人员伤亡和巨大财产损失。2007年，重庆、济南因暴雨引发特大水灾，造成93人死亡、10人失踪。2010年，全国因中小河流洪水和灾害死亡人口为2824人，占当年洪涝灾害死亡总人数的87.6%。另外，近60年全球平均增温达0.12℃/10a，21世纪末全球地表气温将可能升高0.3～4.8℃。1909年以来中国变暖速率高于全球平均值，每百年升温0.9～1.5℃。全球变暖会导致水循环出现变异，降水时空分布更加不均匀。气候变化改变了大气持水能力，将引起洪水等极端水文事件出现的频率和强度的变化，使得一些地区的洪水风险增加，可能会进一步加剧洪涝灾害的发生。

从中国历次洪水统计看，中国洪水有明显的高频期和低频期阶段，近30年来洪水年际变幅大部分呈现增加趋势，部分地区强降水频发、旱涝并重、突发洪涝、旱涝急转等现象日益突出。与 1951—1980 年相比，1981—2010 年珠江、长江、闽江等流域 10 年一遇以上的洪峰流量值有所增大。对于重现期为 50 年的特大洪水，珠江流域 70％断面、淮河流域 32％断面的设计洪峰值呈增加趋势。中小流域极端降水与洪涝事件的频次和强度总体也呈现增加和增强态势，局部地区短历时强降水事件频发，中小河流洪水增多、增强。

洪涝灾害始终是中华民族的心腹之患。从以上分析可以看出，在气候变化和人类活动影响加剧的背景下，洪涝灾害仍是未来中国严重的自然灾害之一。虽然气候变化趋势预估存在不确定性，但预计未来随着全球变暖，中国强降水、洪涝等极端水文事件增多的可能性甚大，洪涝灾害还有不断加重的趋势，加大了水旱灾害风险和防汛抗旱调度指挥风险。

中国洪涝灾害频发既有自然因素的作用，也有人类活动的影响。长期以来，人们不断地改造自然和利用自然，目的是使自然造福于人类，但这种活动有时却带来了负效应。如建造水库的目的是防洪，围湖造田的目的是增加土地资源，开采地下水的目的是解决水资源问题等，但是在某些情况下，这些人类活动却产生了增灾效应。植被破坏就是人类活动的增灾效应之一，植被具有蓄水保土的功能，但是，随着人口的激增和经济的发展，乱砍滥伐森林的现象十分严重，目前中国的森林覆盖率只有 11.5％，远低于世界平均水平（31.3％）。由于植被大量破坏，水土大量流失，因而在洪涝灾害中出现了洪峰流量增大、洪水总量增加、河床淤高、洪峰水位上升；湖泊、水库淤浅，调蓄洪水能力减小；峰现时间提前，抢险时间缩短等灾害。人为设障阻水缩窄河道，降低河道泄洪能力，也导致灾害加剧。平原地区地势低平，水流速度缓慢，加上河道的自然淤积或人为堵塞，导致平原地区涝水出路不足，涝灾灾情大于洪灾现象时有发生。1991 年淮河、太湖流域的特大洪涝灾害中，涝灾损失占 80％以上。太湖原有出水口门 208 个，2014 年只剩下 103 个，1991 年太湖流域的洪水比 1954 年小，但太湖洪水位却比 1954 年高 0.14m，形成了"关门淹"，虽然采取了紧急措施，开通了东太湖的部分出水口门，炸除了 3 处横隔堤，但太湖 4.79m 的洪水位仍持续了 14 天之久。围湖造田能够增加土地资源，但湖泊是天然的蓄水库，能够削减洪峰，对洪水具有显著的调蓄作用，如太湖流域的湖泊可蓄洪 67 亿 m^3，约占 1991 年梅雨期洪水总量的 52％。因此，如果盲目地围垦湖泊，必将降低湖泊的调节能力，使洪涝灾害加重。

随着社会经济的不断发展，城市逐渐增多，出现了流域城市化的趋势。中国城市化流域面积也在显著增加。流域城市化的增灾效应主要表现在三个方面：首先，城市下垫面的性质使城市出现正的辐射，加上市区的人为热释放，使城市变成一个热岛，城市上空对流加强，再加上烟尘形成的凝结核，使城市地区的暴雨频繁出现或降水量增大；其次，城市化地面渗水能力低，绝大部分暴雨以地面径流的形式排入江河，直接加大洪峰流量；最后，城市中人口和物质高度集中，因此在洪水中，城市的受灾机会增加。住房城乡建设部 2010 年对国内 351 个城市专项调研显示：2008—2010 年，有 62％的城市发生过不同程度的内涝，其中内涝灾害超过 3 次的城市有 137 个，在发生过内涝的城市中，57 个城市的最长积水时间超过 12h；2012—2015 年，全国受淹城市分别高达 184 个、234 个、125 个和 168 个；2016 年汛期，武汉、南京、景德镇、吉林、宜兴等城市又轮番上演"城市看海"的景象。从历史分期及地理分布看，1990—1994 年，全国各城市共发生洪涝灾情

2085 次（不含香港、台湾、澳门），这 5 年中，除辽宁、内蒙古、青海、西藏和新疆等地的部分城市未发生过洪涝灾害以外，其余各地区均发生了不同次数的洪涝灾害，其中，洪涝灾害次数大于 5 次的城市主要分布在长江中游城市群、京津冀城市群、珠三角城市群，以湖南省益阳市的洪灾次数最多，5 年内发生洪涝灾害 18 次，其次为湖南省衡阳市、湖北省黄冈市，均为 17 次，另外山东省济宁市、聊城市、临沂市、菏泽市的洪灾也较为频繁，5 年内的洪涝灾害均超过 14 次。1995—1999 年，全国各城市共发生洪涝灾情 1390 次，与 1990—1994 年相比，洪涝灾害次数大幅减少，主要发生在长江中游城市群，以湖南省益阳市的洪灾发生次数最多，5 年内共发生洪涝灾害 19 次，其次为湖北省荆州市、宜昌市。2000—2004 年，全国各城市共发生洪涝灾情 1287 次，其间，全国大部分地区洪涝灾害次数均小于 4 次，洪涝灾害次数大于 5 次的地区主要分布在长江中游城市群、成渝城市群，以重庆市的洪灾次数最多，5 年内发生洪涝灾害 17 次，其次为贵州省遵义市、毕节地区、六盘水市，均为 14 次。2005—2009 年，全国各城市共发生洪涝灾情 2380 次，全国城市洪涝灾害次数明显增多，洪灾较为频繁的地区位于成渝城市群、珠三角城市群，其中，四川省达州市和重庆市的洪灾次数最多，5 年内发生洪涝灾害均为 24 次。2010—2014 年，全国各城市共发生洪涝灾情 2270 次，洪涝灾害频繁的城市主要分布在珠三角城市群，以广东省的洪灾最为频繁，发生洪涝灾害次数高达 23 次，该省茂名市、清远市、肇庆市、江门市、湛江市、梅州市的洪灾次数最多。1990—2014 年，全国各城市洪涝灾害总次数呈现出先减小后又逐步增加的趋势，从整个国家来看，城市洪涝灾害越来越频繁。

中国城市洪涝灾害程度与城镇化发展具有一定的相关性。城市化水平的提高推动了社会经济的迅猛发展，但同时也带来了地区人口密度的急剧加大和生态环境条件的改变，进而引起地区局部气候和水循环条件发生变化，导致洪涝灾害强度不断增强、频次增加。城市化降低了水面率和植被覆盖率，改变了城市的下垫面环境，雨水的下渗能力减弱，加快了雨水的汇流速度，排涝压力明显加大，进一步增加了暴雨洪涝灾害的风险，且相对于其他地区而言，城市的人口和财富比较集中，受到洪涝灾害的威胁更大。因此，城镇化率对城市洪涝死亡人口、受灾人口、直接经济损失有较大的影响，城镇化率与洪涝损失之间存在较强关联。随着城市管理、医疗以及灾害预报预警等水平的提高，因灾死亡人口数量得到控制，但洪涝直接经济损失与日俱增，因经济活动中断所造成的损失比重增加。

第三节　治涝工程体系

治涝工程体系组成部分包括：撇洪分隔工程（撇洪沟、截洪沟、圩堤等）、汇流滞蓄工程（排涝沟渠、排涝河道、滞涝区等）、排水枢纽工程（排水涵、泵站）和承泄区（江、河、湖、海域等）。

撇洪沟是实现高水高排、低水低排规划开挖的拦截涝区上游高地坡水的工程方案，截洪沟是拦蓄涝区内部高地涝水的工程方案，两者目的均是减轻下游涝区排涝压力。撇洪沟、截洪沟线路布置一般沿磅山一侧及涝区边缘布置，并就近汇入排水干沟或承泄区，因为撇洪沟、截洪沟水位明显高于排水干沟或承泄区水位，故交汇处设防冲设施。滞涝区是涝区内的湖泊、洼地、河流、沟渠、坑塘等可以滞蓄涝水的地方，可以减轻渍涝灾害，削减排水流量，减少抽排泵站装机规模。

圩堤是可结合道路或其他地物将涝区分为几个单独区域进行防护的堤防，当涝区外水位高时，可防止外水倒灌和漫没。圩堤一般根据涝区地势地形条件、河流水系、承泄区等分布情况布置。排涝河道是指承担涝区排涝任务的天然河道，有别于由人工开挖形成的排涝沟渠。天然河道大都还同时承担防洪、供水、灌溉等任务，河道沿途有城镇、农田、场（厂）区等不同保护对象的涝水汇入，涝区以上河道及众多支流的洪涝水也要进入涝区河道。各级排水河道的水位要相互衔接，下级河道的水位要满足上级河道的排水要求。当受地形和承泄区水位影响无法衔接时，可建挡洪闸或排涝站，采用自排结合抽排的治涝措施。

排涝沟渠主要指由人工开挖形成的面上骨干排涝沟道，包括面上排涝大沟、截洪沟等。排涝沟渠一般根据涝区的地形条件，并结合灌溉渠系和田间道路等统筹进行布置。

排涝涵闸包括排涝涵（有闸门或无闸门控制、以涵洞穿越堤防或道路）和排涝闸（有闸门控制、以开敞式修建于堤防上或拦河布置），一般位于上下级河道交汇处、滞涝区出口等，分为闸前有滞洪区的涵闸和闸前无滞洪区的涵闸。闸下一般排入排涝河道或直接进入承泄区。平原河道水面比降平缓，排涝涵闸过闸落差的大小直接关系到涵闸和河道工程的规模，因此要经充分论证技术经济比较后确定。

排涝泵站为在充分利用现有湖泊、洼淀、沟塘调蓄涝水后仍无法自排的涝水，需建站提排，一般位于涝区出口，也有少部分位于涝区内部二级提排。

承泄区为涝水的最终排出场所，主要为大江、大河、湖泊洼地、海洋等。根据涝区所在地形、水系条件和排水要求，合理确定排涝承泄区非常重要。当采取涝区内部工程措施不能满足排水区排水要求，或者满足排水区排水要求但经济不合理时，就需要对承泄区进行整治，包括：疏浚河道，整治清障，扩大泄洪断面，降低水位；退堤扩宽、扩大河道过水断面；治理湖泊，改善蓄泄条件，整治湖泊的出流河道，改善泄流条件，降低湖水位；在湖泊过度围垦的区域，考虑退田还湖，恢复湖泊蓄水条件，修建减流、分流河道等。

第二章

治 涝 标 准 拟 定

第一节 治涝标准指标

目前中国各地对治涝标准的表述方式不尽相同，主要与各地区的自然条件相关。大部分地区的治涝标准指标体系采用三要素，即设计暴雨重现期、降雨历时、排除时间。有些地区直接采用单一要素——设计暴雨重现期。《灌溉与排水工程设计规范》（GB 50288—2018）中采用设计暴雨重现期作为指标，将降雨历时、排除时间、排除程度作为辅助参数。江苏省治涝标准指标采用设计暴雨重现期，如江苏农田水利排涝标准一般采用日雨两日排除。

《治涝标准》（SL 723—2016）推荐的涝区治涝标准应同时从设计暴雨重现期、设计暴雨历时、涝水排除时间和涝水排除程度等指标表示，主要分为农区、城区两类评判指标。

农区评判指标：农区主要是指农田涝区，包括村庄。农区治涝标准评判的定量指标采用"耕地面积"和"作物种类"两项；定性指标采用"淹没损失"和"调蓄能力"两项，其中"淹没损失"是作为提高或降低治涝标准的参考因素，"调蓄能力"可作为确定设计降雨历时和排除时间的因素。

城市评判指标：城市治涝标准的定量指标主要有"常住人口"和"当量经济规模"两项；定性指标主要有"重要性"和"淹没损失"两项，其中"淹没损失"作为提高或降低治涝标准的参考因素。

根据多项研究成果分析，治涝标准与耕地面积无明显的定量关系，但仍存在一定程度的正相关关系。鉴于耕地面积较大的涝区受灾损失的绝对值也相对较大，因此治涝标准宜采用相对高值。治涝标准指标体系考虑了耕地面积指标，同时根据水利水电工程等级划分标准，按"50万亩以上为大型灌区"的规定，将50万亩作为确定农田不同治理标准的评判条件。

对于农区田，"排除程度"针对不同的作物种类要求有所不同：对旱作而言，是指将涝水排至田面无积水，无积水的面积占涝区面积的 $90\%\sim95\%$ 就可以；对水田而言，是指排至水稻的耐淹水深。水田的耐淹水深有不同理解，从公式 $R_s = P_T - h_s - f - ET$ 可以看出，水田需要排除的涝水深是由降雨量减去田间蒸发渗漏量和水田滞蓄水深，而水田滞蓄水深为耐淹水深减雨前水深，由此理解，在排水期间，田面水深在一定时段内是超过耐淹水深的。

对于城市，各地区的"排除程度"也不相同，如有"将涝水排干""不成灾""不漫溢""排除""不积水""不淹主要建筑物"等多种表达，因此，城区治涝的"排除程度"，需要针对各个城市的具体情况分析确定，一般要排至地面以下或某个设定水位。

为了反映经济指标对防护区治涝标准的影响，提出了当量经济规模的概念，即

$$当量经济规模＝人均 GDP 指数 \times 防护区人口$$

其中 　　　　　　　$$人均 GDP 指数＝防护区人均 GDP / 全国人均 GDP$$

当量经济规模指标可理解为经济意义上的"人口"，是反映城市总人口和经济发展水平的经济总量综合指标，与城市的自然人口含义不同但关系密切。

由于治涝标准的指标体系是由设计暴雨重现期、降雨历时、排除时间、排除程度四项指标组成，因此提高治涝标准并不能简单地理解为仅仅是提高暴雨重现期，因为缩短涝水排除时间也是提高涝区治理标准。因此，在确定易涝区的治理标准时，往往涉及暴雨重现期、降雨历时和排除时间的多种可能组合，在实际应用中应综合分析确定。

《治涝标准》提出的农区、城市等治涝标准，是针对特定对象，即被保护对象的标准，有其自然属性，不能轻易改变。以水稻为例，涝水排除时间 3～5 天是其能承受的耐淹时间，如淹没时间超过此限度，就会产生较大的涝灾损失。因此治涝标准指标一般不做大的变动。

第二节 涝 区 范 围

涝区是雨水过多，排水不及时，常易在地面上产生积水的区域。涝区范围的大小与选定治涝标准密切相关，划定涝区范围时，应根据易涝地区的涝水特征和致涝成因，统筹考虑区域地形地势条件、河流水系、湖泊和承泄区分布等因素，结合行政区划，综合分析确定。涝区可以分为几部分单独治理，具有几个独立排涝系统的，应根据涝区内的排水体系、地形、河流、道路和其他地物的分隔情况及治涝工程布置条件，进行涝区分片，分别确定治涝标准。治涝标准应根据保护对象的排涝要求确定。当涝区内仅有农田、城市、乡镇、村庄或重要场（厂）区等单一保护对象时，其治涝标准按保护对象的有关规定分别确定。当涝区内有两种及以上保护对象，且不能单独治理的，治涝标准应统筹考虑不同保护对象的排涝要求，综合分析确定。涝区内某个保护对象要求的治涝标准高于整个涝区的治理标准，且能够单独形成排涝系统时，该保护对象的治涝标准可单独确定。涝区人口、耕地、经济指标的统计范围采用相应标准涝水的保护受益范围。

第三节 治 涝 标 准

一、农田

对于以水稻作物、旱作物或经济作物为主的农田涝区，根据涝区内的主要作物种类确定其治涝标准；对于作物种类较多、各类作物比例差别不大的农田涝区，其治涝标准可综合分析确定。农田的设计暴雨重现期根据涝区耕地面积和作物种类确定，见表 2-1。

表 2-1   农田设计暴雨重现期

耕地面积/万亩	作物区	设计暴雨重现期/年
≥50	经济作物区	20~10
	旱作区	10~5
	水稻区	10
<50	经济作物区	10
	旱作区	10~3
	水稻区	10~5

对于作物经济价值较高、遭受涝灾后损失较大或有特殊要求的涝区，经技术经济论证后，其设计暴雨重现期可适当提高，但不宜高于 20 年；遭受涝灾后损失较小的涝区，其设计暴雨重现期可适当降低。

农田涝区的设计暴雨历时、涝水排除时间和排除程度，综合考虑涝区的地形地势、排水面积、作物种类、田间滞蓄涝水能力等因素，经论证后确定。农田涝水排除程度，应按从作物受淹起，经济作物和旱作物在排除时间内排至田面无积水，水稻田在排除时间内排至作物耐淹水深。农田设计暴雨历时、涝水排除时间和排除程度确定见表 2-2。

表 2-2   农田设计暴雨历时、涝水排除时间和排除程度

作物区	设计暴雨历时	涝水排除时间	涝水排除程度
经济作物区	24h	24h	田面无积水
旱作区	1~2d	1~3d	
水稻区	2~3d	3~5d	耐淹水深

注 表中设计暴雨历时与涝水排除时间均针对田间排水。

对于有特殊要求的作物，根据作物耐淹程度，可适当调整设计暴雨历时和涝水排除时间。种植有多种不同作物的涝区，应根据作物种植结构和特点，经综合分析后确定耐淹水深和涝水排除时间。农作物的耐淹水深和耐淹历时，应根据当地或邻近地区有关试验和调查资料分析确定。无调查和试验资料的可参照表 2-3 确定。

表 2-3   几种主要农作物耐淹水深和耐淹历时

农作物	生育阶段	耐淹水深/mm	耐淹历时/d
小麦	拔节—成熟	5~10	1~2
棉花	开花、结铃	5~10	1~2
玉米	抽穗	8~12	1~1.5
	灌浆	8~12	1.5~2
	成熟	10~15	2~3
甘薯		7~10	2~3
春谷	孕穗	5~10	1~2
	成熟	10~15	2~3

续表

农作物	生育阶段	耐淹水深/mm	耐淹历时/d
大豆	开花	7～10	2～3
高粱	孕穗	10～15	5～7
	灌浆	15～20	6～10
	成熟	15～20	10～20
水稻	返青	3～5	1～2
	分蘖	6～10	2～3
	拔节	15～25	4～6
	孕穗	20～25	4～6
	成熟	30～35	4～6

对于蓄涝条件好、调蓄容积较大的涝区，可根据河网水文特性、调蓄能力等采用较长历时的设计暴雨进行涝水蓄泄演算，区域排水时间可根据暴雨特性和区域特点分析确定。

二、城市

城市治涝标准是指承接市政排水系统排出涝水的区域的标准。城市市政排水系统的排水标准仍按市政相关规范的规定确定。城市涝区的设计暴雨重现期根据其政治经济地位的重要性、常住人口或当量经济规模指标确定，见表2-4。

表2-4　　　　　　　　　　　　城市设计暴雨重现期

重要性	常住人口/万人	当量经济规模/万人	设计暴雨重现期/年
特别重要	≥150	≥300	≥20
重要	<150,≥20	<300,≥40	20～10
一般	<20	<40	10

遭受涝灾后损失严重及影响较大的城市，其治涝标准中的设计暴雨重现期可适当提高；涝灾损失和影响较小的城市，其设计暴雨重现期可适当降低。提高或降低标准均应经技术经济论证。

设计暴雨历时、涝水排除时间和排除程度综合考虑排水面积、蓄涝能力、承泄区条件等因素，经论证后确定。设计暴雨历时和涝水排除时间可采用24h降雨24h排除，一般地区的涝水排除程度可按在排除时间内排至设计水位或设计高程以下控制，有条件的地区可按在排除时间内最高内涝水位控制在设计水位以下。排涝水位的计算，要与市政排水系统水位相互衔接。

三、乡镇和村庄

乡镇包括建制镇、乡（含民族乡）人民政府所在地和经县级人民政府确认由集市发展而成的作为农村经济、文化和生活服务中心的非建制镇及独立的安全区；村庄是指农村村民居住和从事各种生产的聚居点。有市政管网系统的乡镇、村庄的治涝标准应按照城市的有关规定制定，零星小村庄可与农田统筹考虑。本书研究确定的乡镇、村庄的治涝标准均针对无市政管网系统的乡镇和村庄。

乡镇、村庄的设计暴雨重现期根据其政治经济地位的重要性、常住人口或当量经济规模确定，见表 2－5。

表 2－5   乡镇、村庄设计暴雨重现期

保护对象	重要性	常住人口/万人	当量经济规模/万人	设计暴雨重现期/年
乡镇	比较重要	≥20	≥40	20～10
	一般	<20	<40	10
村庄		<20	<40	10～5

对于人口密集、遭受涝灾后损失及影响十分严重的乡镇、村庄，经论证后，其设计暴雨重现期可适当提高，但不宜高于 20 年。乡镇、村庄的设计暴雨历时和涝水排除时间可采用 24h 降雨 24h 排除；乡镇、村庄的内河（湖）水位应控制在设计排涝水位以下，并与外河（湖）的排涝水位相互衔接。

四、重要场（厂）区

重要场（厂）区包括面积较大的机场、电厂、独立场（厂）区，以及易受涝水影响的独立工业园区和开发区等。重要场（厂）区的治涝标准，指承接重要场（厂）区排出涝水的区域的标准。重要场（厂）区内部的排水标准按场（厂）区设施的相关行业标准确定。若场（厂）区内部排水有特殊要求时，通过提高自保能力并辅以其他措施予以解决。重要场（厂）区的设计暴雨重现期根据其重要性、规模及地形条件等分析确定，但不宜低于 10 年。重要场（厂）区的设计暴雨历时、排除时间和排除程度采用 24h 降雨 24h 排除并满足水位控制要求，控制水位可按地面高程或设计水位确定，并应满足排水过程中水位控制要求。对于遭受涝灾后损失严重、影响较大的重要场（厂）区，经论证后，设计暴雨重现期可适当提高。承接涝水区域的工程规模与重要场（厂）区的排水规模相衔接。

五、城乡混合区

城乡混合区的治涝标准根据其中城市部分和乡村部分的不同构成、所占比重及对排涝的具体要求，综合分析，合理确定。工业园区的治涝标准参照城市排水标准确定，圩区的治涝标准按圩区的性质（工业圩、农业圩或混合圩等）相应确定。

第三章

江苏省涝区情况

第一节 自 然 地 理

　　江苏地处长江、淮河下游，东濒黄海，西连安徽，北接山东，南与浙江和上海毗邻，介于北纬30°45′～35°20′、东经116°18′～121°57′之间，总面积为10.26万km²。省内分布长江、太湖、淮河和沂沭泗四大水系，长江横穿东西433km，大运河纵贯南北690km，东部海岸线长954km。

　　江苏地势平坦，平原辽阔，湖泊众多，水网密布，海陆相邻。除北部边缘、西南边缘为丘陵山地外，自北而南为黄淮平原、江淮平原、滨海平原、长江三角洲平原。全省平原面积约占68.8%，地面高程大部分在5～10m（废黄河高程系，下同），地势最高的微山湖湖西地区，在35m左右，地势低洼的太湖及里下河水网地区，最低在0m左右；丘陵山地占14.3%，山势低缓，分布零散，高程一般在200m以下；河湖水域面积占16.9%，素有"水乡"之称，境内有全国淡水湖中排名第三、第四的太湖和洪泽湖。

第二节 气 象 水 文

　　江苏地处亚热带和暖温带过渡地带，全省年日照时数为1816～2503h，其分布趋势是自北向南减少；全省年平均气温为13.5～16.0℃，分布的趋势是自南向北降低，冬冷夏热，四季分明。全省多年平均年降水量为700～1250mm，南多北少。春夏之交，常形成连续阴雨，也称梅雨；进入盛夏，多晴热天气，常发生局部性暴雨；夏秋之际，常出现强度很大的台风暴雨。境内降雨年径流深在150～400mm之间，地面径流资源分布上南部大于北部，丘陵山区大于平原。降雨径流年内分配主要集中在6—9月汛期，占全年的60%～70%，年际变化幅度很大。枯水年降雨量少，蒸发量大，年径流少；洪涝年降雨量大，径流较大。全省年均蒸发量为950～1100mm，自南向北、西北方向递增。复杂多变的天气条件往往给江苏带来突发性、灾害性的暴雨洪水。

第三节 水 系 概 况

　　江苏跨江滨海，水网密布，湖泊众多。以仪六丘陵经江都、通扬运河至如泰运河一线为分水岭，分为淮河、长江两大流域。淮河流域境内面积为 6.37 万 km²，流域内以废黄河为界分为淮河和沂沭泗两大水系；长江流域境内面积为 3.89 万 km²，分为长江和太湖两个水系（流域）。

沂沭泗水系发源于山东沂蒙山区，横跨苏鲁两省，江苏境内汇水面积为 2.58 万 km²，占流域总面积的 32%，占全省总面积的 24.8%，涉及徐州、宿迁、淮安、连云港、盐城 5 市。主要河流沂、沭、泗河，原为淮河下游支流，黄河侵淮期间打乱了水系，使沂河、沭河、泗河均失去了入海通道。中华人民共和国成立后，开辟了新沭河、新沂河，整治中运河，兴建骆马湖水库，使沂、沭河及泗水有了排洪专道；淮沭新河的开挖，实现了沂沭泗水系与淮河水系的连通。现上游主要来水河道有沂河、沭河、邳苍分洪道，以及南四湖、中运河及其入湖入河水系。骆马湖、石梁河水库是沂沭泗水系的主要调蓄湖库，沂河及南四湖下泄的洪水经骆马湖调蓄后，出嶂山闸由新沂河排水入海；沭河及分沂入沭的洪水一路循旧道南入新沂河，另一路由山东大官庄向东，由新开辟的新沭河经石梁河水库调蓄后，由新沭河排水入海。沂沭泗水系可分为沂河（新沂河）、沭河（新沭河）、中运河等干河水系，以及南四湖湖西、骆马湖以上、沂北（含沭北）、沂南等区域性水系。沂沭泗地区主要内部河道有复新河、大沙河、不牢河、房亭河、青口河、蔷薇河、古泊善后河、六塘河、灌河等。

淮河水系，江苏境内面积为 3.79 万 km²，占流域总面积的 20%，占全省总面积的 36.9%，涉及徐州、宿迁、淮安、盐城、扬州、泰州、南通、南京 8 市。淮河原是一条单独入海的河流，黄河夺淮后，下游河床淤高，在淮安以西潴积成洪泽湖，并改道入江。现淮河上中游洪水进入洪泽湖经其调蓄后，主流经淮河入江水道借江归海，其他经淮河入海水道、灌溉总渠、废黄河直接排水入海；在淮、沂洪水不遭遇的情况下，可分淮入沂，经淮沭河、新沂河入海。淮河水系可分为洪泽湖入湖水系、洪泽湖下游水系、里下河水系和废黄河水系等，进入洪泽湖的河道除淮河干流外，还有怀洪新河、新睢河、新汴河、徐洪河等，区内主要河道还有射阳河、新洋港、黄沙港、斗龙港等。

长江干流自南京江浦新济洲入境，在南通启东元陀角入海，自西向东横穿江苏，是江苏沿江地区的排水、引水大动脉。境内长江水系面积为 1.91 万 km²，占流域总面积的 1%，占全省总面积的 18.6%，涉及南京、镇江、扬州、泰州、常州、无锡、苏州、南通 8 市，包括南京等 6 个市区和句容等 15 个县（市）。江苏境内根据地形和水系特点，将长江水系分为滁河水系、苏北沿江水系、秦淮河水系、石臼固城湖水系。滁河是长江下游北岸的一条支流，干流源自安徽，在南京浦口进入江苏，于六合大河口入江，成为苏皖界河，在江苏境内有驷马山河、马汊河等分洪道分洪入江。苏北沿江水系位于江淮分水岭以南，跨南京、扬州、泰州、南通 4 市，可分为仪六水系、通扬水系和通吕通启水系。秦淮河水系上游有句容河、溧水河两源，在江宁西北村汇合后为秦淮河干流，干流至东山又分为秦淮新河和外秦淮河两支分别入江。石臼固城湖水系属青弋江、水阳江水系，境内有石臼湖、固城湖承接水阳江部分水量，由天生桥河连接秦淮河水系，由胥河连接太湖水系。江苏省长江流域主要内部河道有通扬运河、如泰运河、通吕运河、通启运河、九圩港、句容河、溧水河、官溪河、胥河等。

太湖水系，江苏境内面积为 1.95 万 km²，占流域总面积的 53%，占全省总面积的 19.0%。该地区是全省人口最密集和经济最发达地区，涉及苏州、无锡、常州、镇江、南京 5 市。太湖流域西部为山丘区，中、东部为以太湖为中心的平原水网洼地，境内湖泊密集、水网纵横、相互沟通。太湖水系分为上游入湖水系和下游水系，江苏境内太湖水系可分为由南河水系、洮滆湖水系、运河水系组成的太湖上游入湖水系，由阳澄水系、淀泖水系和浦南水系组成的太湖下游水系。入湖水系向东注入太湖，下游水系主要经太浦河、望虞河和内部河网分别借长江、黄浦江入海。主要内部河道有南河、丹金溧漕河、九曲河、新孟河、武宜运河、新沟河、锡澄运河、白屈港、张家港、常浒河、白茆塘、七浦塘、杨林塘、娄江（浏河）、吴淞江、顿塘等。

第四节 社 会 经 济

江苏省现设 13 个省辖市，下辖 99 个县（市、区），其中 21 个县级市、21 个县、57 个市辖区。截至 2015 年年末，全省常住总人口为 7976 万人，人口密度为 777 人/km²，城镇人口为 5306 万人，城市化水平达 66.5%。2015 年，实现 GDP 70116 亿元，人均 GDP 87995 元，财政总收入为 17842 亿元，三次产业增加值比例为 5.7∶45.7∶48.6，耕地面积为 7055 万亩，粮食总产量为 3561 万 t，见表 3-1。

表 3-1　　　　　　　江苏省社会经济主要指标（2015 年）

地区	土地面积 /km²	总人口 /万人	城镇人口 /万人	GDP /亿元	耕地面积 /万亩	粮食播种面积 /万亩	粮食产量 /万 t
南京	6587	824	670	9721	361	234	114
无锡	4627	651	491	8518	183	153	72
徐州	11765	867	529	5320	919	1104	471
常州	4372	470	329	5273	234	214	108
苏州	8657	1062	795	14504	253	222	108
南通	10549	730	458	6148	691	775	337
连云港	7615	447	263	2161	603	754	362
淮安	10030	487	283	2745	727	987	467
盐城	16931	723	434	4213	1294	1472	708
扬州	6591	448	282	4017	435	632	314
镇江	3840	318	216	3502	247	263	125
泰州	5787	464	286	3688	454	656	329
宿迁	8524	485	270	2126	655	866	387
全省	105875	7976	5306	71936	7056	8332	3902

注　耕地面积采用《江苏省 2012 年度土地利用变更调查成果》资料统计。

第五节 涝 区 概 况

特殊的地理位置与气候条件决定了江苏为洪涝灾害频发和因洪致涝问题突出的省份。全省易涝区主要分布在里下河腹部、太湖等平原洼地（圩区），南四湖湖西、中运河两岸、洪泽湖周边、沂南、沂北、渠北、白马湖、高宝湖等平原坡水区与滨河（湖）圩区，以及长江两岸、沿海等滨江（海）潮位顶托区。

根据江苏省各水系易受涝地区的地形特征、水系条件和历史灾情，与《江苏省防洪规划》确定的防洪保护区分片相协调，分别确定各类易涝区范围。全省共划定涝区面积78346km²，占全省总面积的74%。2015年，涝区耕地面积为6813万亩、常住人口为7771万人、地区生产总值为62693亿元、粮食产量为3385万t，分别占当年全省的96.6%、97.4%、87.2%、86.8%，集聚了全省绝大部分的人口与社会财富，见表3-2。

表3-2   江苏省涝区基本情况

水系	涝区面积/km²	耕地面积/万亩	人口/万人	粮食产量/万t	地区生产总值/亿元
沂沭泗	19926	1764	1716	888	8943
淮河	32068	2484	2020	1560	9383
长江	12419	1584	1787	579	13030
太湖	13933	981	2247	357	31337
全省	78346	6813	7771	3385	62693

第六节 涝 灾 情 况

一、涝灾特征

江苏省洪涝灾害主要呈现如下特点：

（1）气候复杂多变、涝灾多发频发。江苏由于地处亚热带向暖温带过渡地带，全省降水年际变化大，年内又集中在汛期，容易出现突发性、灾害性的暴雨洪水和内涝。特定地形地貌与气候特点，使全省成为局部性洪涝频繁、区域性洪涝常见、流域性洪水易发的洪涝灾害多发地区，也决定了全省治涝任务的艰巨性、复杂性和长期性。据统计，中华人民共和国成立67年来的洪涝年达44年之多。

（2）地势低洼、涝灾面积较大。江苏地势低洼，大部分地区的地面高程在10m以下，太湖及里下河水网地区的最低高程在0m左右，全省易涝区面积占国土总面积的73%。一旦发生涝洪灾害，受地形、工程、外围等各种条件限制，洼地内部涝水不能及时排出，往往会形成大面积洪涝灾害。据统计，中华人民共和国成立67年来，全省洪涝受灾后成灾面积超过500万亩的年份有32年，超过1000万亩的有20年。

（3）洪涝交织、涝灾治理任务重。江苏属于平原水网地区，地势平缓，河道排水不畅，涝水排除时间长，容易积水成涝，沿江、沿海地区易受风暴潮的顶托影响。特殊的地形特征与气候特点决定了江苏区域洪涝与流域洪水时常遭遇，洪涝交织，涝区自排出路不足，存在"关门淹"现象。在外洪内涝夹击下，大水之年必然伴随严重内涝，灾情也特别严重，如1931年、1954年、1991年、2003年、2007年等年份，其中以太湖地区和里下河地区表现最为典型。

（4）人类活动影响多、涝区管理难度大。随着工业化、城镇化进程的推进，人类活动对洪涝防治的不利影响也逐步显现，如城市排涝标准提高与外围河道治理不同步，圩内排涝动力增加与外河排涝能力不协调，围湖占河等侵占水域的现象时有发生，经济发达地区盲目超量抽取深层地下水等。这些因素不仅降低了区域蓄泄能力和治涝标准，加剧了洪涝灾害威胁，同时也对涝区管理提出了更高要求，需要在规划方案中提出针对性的管控措施，以保障涝区工程体系的正常发挥。

二、历年灾情

江苏始终坚持把防洪治涝放在各项保障社会安全稳定发展基础条件的重要位置，投入了大量的人力、物力和财力治理洪涝，挖河筑堤，修库建闸，巩固外围屏障，扩大排水出路，已取得显著成效，灾情得以大幅度减轻。但受特殊的地形和气候因素影响，全省涝灾总体仍呈现多发频发态势。据统计，中华人民共和国成立 67 年来，全省遭遇洪涝灾害成灾面积超过 2000 万亩的特大洪涝年份有 6 年，成灾面积在 1000 万～2000 万亩的有 14 年，成灾面积在 500 万～1000 万亩的有 12 年，防洪治涝任务仍然艰巨。

较洪灾而言，涝灾更频繁、影响范围更广、持续时间更长，经济损失也相对更大。据 1949—2015 年洪涝灾情统计资料（表 3-3），洪涝年均受灾面积约 1261 万亩。从受灾空间分布看，以太湖流域受灾面积与土地面积之比相对最低，反映了太湖地区整治标准较高，防洪除涝能力相对较强；而同样大部分属于平原水网洼地的淮河下游，受灾面积比重达全省的 53.5%，反映了淮河流域依旧是全省灾情最频繁最严重的地区，防洪除涝能力相对较低；沂沭泗流域防洪治涝工程标准较低，但因本地平原坡地比例较高，易受洪涝灾害的洼地比重明显较平原水网区低；长江水系现状防洪治涝标准相对较高，但易受长江潮位顶托，且沿江圩区比重偏高，导致年均受灾比重偏高。从不同时期的受灾面积趋势看，20 世纪 50 年代洪涝受灾面积相对较大，60、70 年代受灾面积减少，80、90 年代受灾面积又有反弹，特别是 90 年代洪涝频繁连续发生，致受灾面积增加，年平均受灾面积达到 1558 万亩，一方面与 1991 年、1998 年、1999 年的大洪涝有关，另一方面也与国民经济快速发展和生活质量的提高、衡量统计受灾面积的标准越来越严有关。

表 3-3 　　　　　　　　1949—2015 年江苏省洪涝受灾面积比较

流 域 水 系			全省	分 水 系			
				沂沭泗	淮河	长江	太湖流域
土地面积/万 km²			10.26	2.54	3.86	1.91	1.96
与全省土地面积比重/%			100	24.7	37.6	18.6	19.1
受灾面积/万亩	多年平均		1260	257	670	246	87
	占全省受灾面积的比重/%		100	20.1	53.5	19.3	7.1
	统计时段	1949—1960 年	1524	312	853	257	102
		1961—1970 年	1021	169	667	148	37
		1971—1980 年	918	142	529	196	51
		1981—1990 年	1299	245	752	216	86
		1991—2000 年	1558	312	702	314	230
		2001—2015 年	959	215	438	282	24

续表

流　域　水　系		全省	分　水　系			
			沂沭泗	淮河	长江	太湖流域
历史最大 受灾面积	面积/万亩	4379	715	2024	947	693
	年份	1991	1957	2003	2003	1991
	与多年平均的倍比数	3.47	2.78	3.02	3.85	7.97
受灾程度相对比较 （受灾面积比重/土地面积比重）		1	0.79	1.46	1.02	0.37

三、典型洪涝

　　江苏省典型洪涝灾害中，1954年、1965年、1991年的江淮片洪涝水，1999年的太湖洪涝水，2003年的淮河洪涝水，以及2015年、2016年连续两年的苏南与沿江涝水，对全省国民经济和社会生活造成了较大影响。

　　1. 1954年江淮大洪涝

　　1954年，长江、淮河洪水并发，长江大通站洪峰流量达92600m³/s，南京站最高水位达10.22m，突破历史最高纪录，高水位持续超警戒水位达116天之久。淮河上中游7月连降暴雨，7月18日进入洪泽湖最大流量为15800m³/s，汛期入湖洪水总量为648亿m³，为常年同期的3倍多。在外洪压境的同时，全省又普降暴雨，苏南、江淮之间、淮北地区5—7月累计降雨量分别达824mm、784mm、512mm。8月16日洪泽湖蒋坝最高水位为15.23m，沿洪泽湖周边圩区200万亩滞洪，三河闸最大泄量为10700m³/s，由于入江水道大流量行洪，高邮湖水位高达9.38m，8月25日午夜，台风过境，高邮湖浪高2m以上，汛情非常险恶。由于1949—1954年陆续兴建了大量水利工程，建成了三河闸，开辟了苏北灌溉总渠，整修了洪泽湖大堤，结束了几百年来经常开启归海坝的历史，里下河腹部地区因此免遭水淹，保住了大面积农田和城镇的安全。但由于当时工程基础还比较薄弱，防洪工程中设计标准偏低，排洪出路不足，沿河沿湖洼地因洪致涝现象比较严重，全省仍有受灾农田3253万亩，成灾面积2036万亩，江海堤防决口1176处，倒塌房屋51万间，重灾灾民362万人，死亡1350人。

　　2. 1965年江淮大涝

　　1965年，江淮之间、淮北地区先旱后涝，旱涝急转。6月30日—8月5日，接连发生7次暴雨，累计雨量分别为684.6mm、618.5mm，暴雨中心三河闸雨量为1056.5mm。8月5日后，里下河地区继续降雨，接着8月19—22日6513号台风过境，沿海地区出现特大暴雨，暴雨中心在大丰县大丰闸，24h雨量达672.6mm，最大3日雨量达917.3mm。滨海、大丰地区河水位陡涨1.2m左右。里下河地区和盐城地区的沿海垦区，田河不分，一片汪洋。7月1日—8月23日，里下河腹部受水69.6亿m³，而排水只有31.1亿m³，其中江都抽水站7月4日—9月24日抽涝水入江9.6亿m³。兴化最高水位达2.88m，建湖最高水位达2.37m，受涝面积达900余万亩。里下河地区由于1962年后兴建了江都抽水一站、二站，开挖和疏浚了骨干排涝河道，退水速度显著提高。全省农作物受涝面积为

1807 万亩，成灾面积为 1186 万亩，90％发生在苏北地区。

3. 1991 年江淮大洪涝

1991 年气候异常，梅雨比常年提前了一个月，56 天梅雨总量达 800～1300mm，是常年同期降雨量的 4～5 倍。雨区主要集中在沿江和太湖、里下河地区，兴化市最高达1302mm。梅雨量集中期内淮河以南地区河湖水位猛涨，普遍超过历史最高纪录。太湖平均水位 7 月 14 日高达 4.79m，里下河地区兴化水位 7 月 15 日达到 3.35m，超历史记录0.27m。已建水利工程在减轻灾害及加快退水以利恢复生产方面发挥了显著效益。对里下河地区涝水，采取"上抽、中滞、下排"措施，在 56 天内充分依靠江都站抽排 11.8 亿 m^3、沿海四大港抢排 37.2 亿 m^3，同时利用 300 多个副业圩破圩滞蓄，增加滞洪面积 230 多万亩，加快了退水速度，明显减轻了里下河地区的灾情。太湖地区利用沿江涵闸抢排涝水60 多亿 m^3，谏壁站抽排 4.1 亿 m^3，并炸开望虞河沙墩港坝，加大太浦闸泄洪，增泄太湖洪水 10 亿 m^3。全省洪涝灾害损失巨大，严重受灾农田达 5128 万亩，9 个省辖市新城区的受淹面积达 10％以上，3.24 万家工业企业被迫停产、半停产，78 万户城乡居民住宅进水，倒塌房屋 70 万间，被迫紧急转移安置灾民 436 万人，死亡 307 人，3.9 万座水利设施冲毁，漫破圩堤 3136 个，全省直接经济损失达 237.6 亿元。

4. 1999 年太湖大洪涝

1999 年 6 月 6 日入梅，梅雨期长 45 天，暴雨中心在浙江长兴的访贤，雨量达 1045mm，太湖流域梅雨量达 663mm，为常年的 2.9 倍，最大 7 日、15 日、30 日降雨量分别为346mm、408mm、618mm，均超过 1991 年雨情。该年雨量集中强度大、客水凶猛涨得快，形成洪涝夹击的汛情。7 月 8 日太湖平均水位达 4.97m，高出 1991 年 0.18m，长江干流大通站洪峰流量达 83900 m^3/s，超过 1998 年。由于前期加大了治理太湖的力度，太浦河、望虞河和太湖大堤"二河一线"工程相继建成，在防洪除涝方面发挥了巨大作用，其中太湖大堤多拦蓄洪水 10 亿 m^3，太浦河、望虞河排泄太湖洪水 55.7 亿 m^3，沿江新建排涝泵站和通江河道排泄涝水 16.43 亿 m^3，以上工程大大减轻了太湖及下游圩区的洪涝灾情。由于当时治太工程尚未按规划要求全部建成，洪涝出路受阻，仍造成较大洪涝灾害，其中吴江、宜兴、溧阳一带尤为严重。全省洪涝受灾范围，包括长江、太湖、固城石臼湖地区的 37 个县（市），有 33 个城镇进水，50 个城镇本地暴雨积水，最大积水深1.5m，一度被洪水围困的人数达 21.6 万人，城镇居民受淹 3.4 万户，农户受淹 14.8 万户，倒塌房屋 1.3 万间，受淹农田 418 万亩，损坏堤防 1906km、水闸 445 座、机电泵站358 间、桥涵 755 座，6414 家工厂企业受淹，洪涝造成直接经济损失 23.4 亿元。

5. 2003 年淮河大洪涝

2003 年淮河汛情十分异常，发生了中华人民共和国成立以来仅次于 1954 年的流域性洪水，里下河等地区发生了 1991 年以来最严重的内涝。汛期，淮河上中游地区连降暴雨，6 月 21 日—7 月 21 日，淮河水系出现了 5 次大的降雨过程，累计面平均降雨量达430mm，300mm 降雨量覆盖面积达 16.61 万 km^2；洪泽湖最大入湖流量达 14500 m^3/s，蒋坝最高水位达 14.37m；三河闸最大泄量达 9270 m^3/s，建成通水投入运行的淮河入海水道最大泄量达 1870 m^3/s，仅比设计流量少 400 m^3/s，分淮入沂第二次启用，最大泄量达 1720 m^3/s，超过 1991 年；入江水道大流量行洪时遭遇高邮湖区间大暴雨，高邮湖水位达 9.52m，创历史新高。沂沭泗水系降雨也偏多，沂河、沭河、中运河等多次行洪，新沂河沭阳站最高水位达 10.71m。造成灾害损失的主要是涝灾，江苏省淮河流域片（含沂沭泗地区）农田受灾 2669 万亩，成灾 1778 万亩，绝收 794 万亩，受灾人口 1798 万人，紧急转移 78.6 万人，倒塌房屋 14.2 万间，损坏桥涵 1.4 万座，造成直接经济损失 199.7 亿元。

6. 2015 年苏南大涝

2015 年汛期，淮河以南地区尤其沿江苏南部分地区降雨集中，苏南运河、秦淮河部分河道水位突破历史极值，发生较严重洪涝灾害。秦淮河出现超历史洪水过程，东山站最高水位达 11.17m（6 月 27 日），超警戒水位 2.67m，比历史最高水位（10.74m）高 0.43m，且持续时间长约 34h；水阳江水碧桥站、滁河晓桥站最高水位超警戒。苏南地区部分站点水位突破历史极值，望虞河琳桥站、苏南运河常州钟楼闸闸上、苏南运河无锡站、洛社站、湖西地区丹金溧漕河金坛站最高水位均超历史最高水位。太湖地区汛期部分河道出现超标准洪水，太湖平均水位最高为 4.19m（7 月 14 日），超警戒水位 0.39m。全省 12 个市、77 个县（市、区）不同程度遭受洪涝及台风灾害影响，受灾人口达 586.32 万人，农作物受涝 1060.3 万亩、受灾 865.68 万亩、成灾 312.47 万亩、绝收 80.86 万亩，损坏堤防 1041 处、144.62km，损坏护岸 403 处，因洪涝及台风灾害造成直接经济总损失 148.7 亿元。

7. 2016 年苏南与沿江大涝

2016 年，受超强厄尔尼诺影响，苏南地区发生了特大洪涝。汛情总体呈现降雨量多、强度大、范围广、河湖水位高和高水位持续时间长等特点，降雨主要集中在梅雨期。汛期，沿江苏南和里下河地区河湖水位全线超警戒，其中太湖水位最高达 4.87m，居历史第 2 位，超防洪保证水位 0.21m；苏南运河无锡、苏州站，秦淮河东山站，水阳江地区的固城湖、石臼湖水位均超过历史最高水位。4 月 1 日—7 月 20 日，太湖水位一直在防洪控制水位以上，超警戒水位 51 天。苏南运河、滆湖水位超警戒水位 40 天，是 2015 年同期的 2 倍。长江大通站流量入汛以来一直维持较大流量行洪，干流潮位站南京、镇江、江阴、天生港站潮位分别超警戒水位 24 天、32 天、30 天和 16 天。6 月 30 日—7 月 8 日的持续强降雨过程共造成沿江 8 市 51 个县（市、区）94.78 万人受灾，紧急转移 11.01 万人，农作物受灾 394.8 万亩，成灾 171.3 万亩，居民住宅受淹 12.55 万户，工矿商贸企业受淹 3157 家，道路临时中断 197 条次，损坏堤防 1317 处、机电泵站 278 座，因洪涝灾害直接经济总损失达 90.7 亿元。

第七节 治 涝 过 程

中华人民共和国成立以来，江苏持续开展大规模的防洪治涝工程建设，开挖了新沂河、新沭河、入江水道、入海水道、望虞河、太浦河等流域泄洪河道，加固了江、海、骨干河道及重点湖泊堤防，建闸排水挡潮，建站排涝灌溉，改变了漫流局面，初步约束了洪水泛滥，为实现洪涝分治打下了基础。

20 世纪 50 年代中后期，根据江苏省委要求根治江淮地区洪涝灾害的决议，在洪水泛滥得到初步控制的基础上，全省针对不同类型地区分别制定水利规划，开展大规模的治涝工程建设，浚挖排水干河，建设梯级河网，沿江沿海并港建闸，低洼地区圈圩建站，实行高低地分排、内外水分开，开挖了浏河、浒浦港、张家港、如泰运河、九圩港、邳洪河等一批骨干引排河道，同时修建大中小沟、灌排渠系、梯级控制建筑物和田间工程等，初步控制了洪涝水，为社会稳定、恢复生产并开展经济建设提供了条件。

70、80年代，全省继续完善分区分级排水布局，以农田水利建设为中心的区域治理全面铺开，拓浚排水河道，建设大中型机电抽排站，圩区联圩并圩、加固圩堤。苏锡常等经济发达地区，在土地平整、田块方整、灌排分开、丘灌丘排的基础上，建设"三暗"工程，有效改善了灌溉、排水、降渍条件，白马湖、宝应湖地区100多万亩农田实现了洪涝分治。到80年代末，全省沟河成网、分级控制的梯级河网布局基本形成，初步建成以400多条区域性河道与沿线涵闸、6万座排涝泵站为骨干，河、沟、圩、机相结合的治涝工程体系，适应了当时农业逐步走向高产稳产、经济进一步增长的客观需要。

1991年至21世纪初，结合流域工程治理，太湖地区实施了湖西引排、武澄锡引排等骨干河道工程，提高了区域防洪除涝能力。淮河流域对里下河四港、黄墩湖滞洪、洪泽湖周边等部分湖洼进行了初步治理。2006年汛后，针对淮河和沂沭泗下游低洼易涝地区，组织编制了里下河、沂南、沂北、南四湖湖西、中运河沿线、白马湖、宝应湖等重点区域洼地治理应急实施方案并全面开工建设，改善了低洼易涝地区的生产生活条件。

"十二五"以来，随着工业化、城市化进程的不断推进，逐步优化调整水利投资结构，在确保流域治理工程实施的同时，加大区域治理投入力度，加快实施淮河流域重点易涝洼地、苏北沿江地区及太湖地区的区域骨干引排河道整治，进一步完善区域防洪治涝工程体系。同时，针对绝大多数中小河流由于长期投入不足，不具备抵御常遇洪涝水的能力，以及70%以上的洪涝灾害发生在中小河流的现状，全省加快推进中小河流治理，列入全国重点地区中小河流治理规划的两批205条、284个项目已基本完成，显著改善了易涝区的排涝能力，减轻了洪涝灾害威胁。

第八节　涝区治理现状

江苏省已初步形成以流域工程为骨干，区域工程为网络，城市防洪为重点的防洪减灾体系，一般洪水下全省绝大部分地区基本不受灾，中等以上洪水能有效控制损失，并尽快恢复正常生产生活秩序。同时，全省已基本形成"洪涝分治、高低分排、自排为主、抽排为辅"的治涝排水格局，与防洪工程体系一道，共同保障和促进了江苏经济社会快速发展，全省旱涝保收农田面积达到5365万亩，占耕地面积的79%，保障了粮食生产持续增长。目前，太湖水系治涝标准达10～20年一遇，长江水系与里下河地区为5～10年一遇，其他地区基本达5年一遇，尚有部分地区不足5年一遇。

在工程体系上，江苏现已形成由区域性骨干排涝河道、圩区堤防、排涝水闸、排涝泵站及承泄湖泊组成的治涝工程体系。全省共有乡级河道2万多条，县级以上河道约3000条，省级骨干河道727条，其中区域性骨干河道124条；现有5级以上堤防近5万km，其中以区域性骨干河道堤防以及圩区重要堤防为主的3、4、5级堤防总长超过4万km；

排涝水闸主要有沿江、沿海、沿湖节制闸，河网梯级控制闸，里下河、太湖等低洼地区圩口闸，全省共有大中型水闸 510 座，规模以上（流量不小于 $5\text{m}^3/\text{s}$）各类水闸共有 1.75 万座，其中分洪闸 266 座，节制闸 1.45 万座，排水闸 1128 座，挡潮闸 262 座；排涝泵站主要有沿江引排泵站、洼地排涝泵站、城市河湖泵站等，全省共有大中型泵站 414 座，规模以上（流量不小于 $1\text{m}^3/\text{s}$ 或功率不小于 50kW）泵站 1.78 万座，其中具备排水功能的泵站 1.17 万座，装机功率为 282 万 kW；全省列入《江苏省湖泊保护名录》的湖泊有 137 个，除城市湖泊及作为饮用水源地的湖泊外，大都具备蓄滞洪涝水的功能，是治涝工程体系的重要组成部分。

在管理手段上，全省初步形成了以流域、省、市、县相结合的工程管理体系，重建轻管状况逐步改善，其中流域性骨干工程和区域性重点工程普遍建立了较为完善的运行管理规章制度，能做到及时运用和安全运行。以计算机监测系统为特征的精细化工程管理正在起步，管理单位内部改革逐步深化，工程除险加固有序展开，总体上保障了治涝工程体系的有效运转。

第四章

江 苏 省 治 涝 区 划

第一节 治 涝 范 围

江苏省主要为平原区，且洼地分布范围广，大部分平原洼地均处于洪水位以下，因洪水致涝问题突出，实行洪涝兼治。根据江苏省多年治涝实践，确定平原洼地（圩区）全部划入涝区，滨河（湖）洪水顶托区按最高行洪水位以下区域划入涝区，平原坡水区以实测历史最高水位以下区域并考虑排水河道的壅水影响范围划入涝区，丘陵山区有截水沟的，以截水沟以下的平原区划定为治涝范围；无截水沟的以坡度25°以下区域划为治涝范围。江苏省共划定治涝范围即涝区总面积7.83万 km²，其中，沂沭泗水系1.99万 km²，淮河水系3.21万 km²，长江水系1.24万 km²，太湖水系1.39万 km²。全省涝区范围内现状人口为7771万人，耕地为6813万亩，见表4-1。

表 4-1 江苏省涝区基本情况

水 系	涝区面积/km²	治 理 保 护 对 象	
		受益人口/万人	受益耕地/万亩
沂沭泗水系	19926	1716	1764
淮河水系	32068	2020	2484
长江水系	12419	1787	1584
太湖水系	13933	2247	981
全省总计	78346	7770	6813

第二节 涝 区 划 分

根据江苏省各易涝地区所处自然地理位置、地形水系、涝灾成因和涝灾程度等情况，遵循自然区划的地域分类规律，拟定治涝区划，提出涝区分区、分类成果，并细化确定涝区治理范围。根据省内自然地形、河流水系及工程治理状况，结合省主体功能区划、农业区划、水资源分区、防洪分区及有关灌区分布进行涝区划分。全国涝区区划体系按三个层级划分，分为一、二、三级区划，其中一级涝区由全国层面统一确定，二、三级涝区由省级层面研究提出成果，全国统一平衡后确定。一级涝区划为东北平原区、华北平原区、淮河中下游平原区、长江中游区、长江下游平原区、珠江三角洲区、其他地区等，江苏省属于淮河中下游平原区和长江下游平原区两个一级涝区。

一、二级涝区划分

二级涝区是全国治涝的基本单元。二级涝区划分主要以《江苏省防洪规划》确定的水利分区为基础，与邻省治涝区划成果相衔接，适当参考水资源分区边界，综合各地水系、地形和涝灾特点确定。全省共划分为 17 个二级涝区。其中沂沭泗水系 4 个，分别为南四湖湖西区、骆马湖以上中运河两岸、沂北区、沂南区；淮河水系 5 个，分别为奎河上片区、洪泽湖周边及以上区、渠北区、白马湖高宝湖区、里下河区；长江水系 4 个，分别为滁河区、秦淮河区、石臼湖固城湖区、通南沿江区；太湖水系 4 个，分别为太湖湖西区、武澄锡虞区、阳澄淀泖区、浦南区。废黄河地区作为沂沭泗水系与淮河水系的分水岭，根据分段废黄河滩面汇水分流出路，分别划入相应的二级涝区，下游的淤黄河和翻身河地区划入渠北区。江苏省二级涝区划情况见表 4-2。

表 4-2　　　　江苏省涝区划分

一级涝区	水系	二级涝区	三级涝区	涝片数量/个	涝区面积/km²	耕地/万亩	人口/万人
淮河中下游平原区	沂沭泗水系	南四湖湖西区	大沙河以西区	1	1273	105	109
			大沙河以东区	2	1805	157	164
			小计	3	3078	262	273
		骆马湖以上中运河两岸区	运东邳苍郯新区	3	1663	159	160
			运西黄墩湖区	4	2338	236	314
			小计	7	4001	395	474
		沂北区	沭北区	2	789	51	80
			沭南区	5	2146	180	198
			沂北区	4	2661	243	189
			小计	11	5596	474	467
		沂南区	淮西区	5	2030	176	149
			淮东盐西区	4	2544	174	205
			盐东区	4	2677	282	148
			小计	13	7251	632	502
		合计		34	19926	1763	1716
	淮河水系	洪泽湖周边及以上区	奎河上片区	1	468	33	79
			洪泽湖周边区	5	3274	214	188
			奎滩河下片区	3	1131	55	40
			小计	9	4873	302	307
		渠北区	渠北区	4	2551	191	222
			小计	4	2551	191	222

一级涝区	水系	二级涝区	三级涝区	涝片数量/个	涝区面积/km²	耕地/万亩	人口/万人
淮河中下游平原区	淮河水系	白马湖高宝湖区	白宝湖区	2	1958	169	80
			高邮湖区	3	1344	79	175
			小计	5	3302	248	255
		里下河区	里下河腹部区	3	11722	931	813
			斗北区	5	4204	409	181
			斗南区	3	5416	403	243
			小计	11	21342	1743	1237
		合计		29	32068	2484	2021
长江下游平原区	长江水系	滁河区	滁河区	3	1127	54	152
			小计	3	1127	54	152
		秦淮河区	秦淮河区	2	1519	177.2	613
			小计	2	1519	177.2	613
		石臼湖固城湖区	石臼湖固城湖区	2	677	51	61
			小计	2	677	51	61
		通南沿江区	扬泰区	3	2970	241	322
			南通区	4	6126	1061	639
			小计	7	9096	1302	961
		合计		14	12419	1584	1787
	太湖水系	太湖湖西区	运河区	2	1298	144	219
			洮滆区	3	3425	301	414
			小计	5	4723	445	633
		武澄锡虞区	武澄锡区	4	2103	114	486
			澄锡虞区	2	1839	116	354
			小计	6	3942	230	840
		阳澄淀泖区	阳澄区	1	2560	126	384
			淀泖区	2	2156	106	323
			小计	3	4716	232	707
		浦南区	浦南区	1	552	74	67
			小计	1	552	74	67
		合计		15	13933	981	2247
全省总计				92	78346	6813	7771

二、三级涝区划分

三级涝区是省级治涝规划的基本单元。在二级涝区划分的基础上，综合区域水系、地形特点、涝情特征、治理布局等因素，按照与相关区划衔接、分区完整连续、涝情特点基本接近、排水体系相对独立、承泄区基本一致等原则，全省共划定三级涝区 31 个，其中沂沭泗水系 10 个、淮河水系 9 个、长江水系 5 个、太湖水系 7 个，见表 4-2。

三、涝片划分

涝片为治涝规划实施的基本单元。在三级涝区划分的基础上，结合治涝水文分析计算以及今后合理划分项目区等需要，遵循高低分排、就近排水、涝片规模适度、兼顾行政区划的原则，对三级涝区适当进行分片，全省 31 个三级涝区进一步细分为 92 个涝片。其中，沂沭泗水系 10 个三级涝区共划分为 34 个涝片，淮河水系 9 个三级涝区划分为 29 个涝片，长江水系 5 个三级涝区划分为 14 个涝片，太湖水系 7 个三级涝区划分为 15 个涝片。

第三节　涝　区　分　类

针对各涝区地形特点、涝灾成因、现状排涝体系及经济社会发展需求，对涝区进行合理分类，分别提出相应的治涝思路，结合各涝区实际，确定分区治涝工程重点。

江苏全省涝区划分为平原洼地（圩区）、平原坡水区、滨河（湖）圩区、滨江（海）潮位顶托区四类。

1. 平原洼地（圩区）

平原洼地（圩区）主要分布在里下河及太湖地区。区内有大量低洼地区，由于人类长期开发而形成水网，水网水位全年或汛期超出耕地地面，因此必须筑圩防御，并依靠动力排除圩内积水。当调蓄能力衰减、排水动力不足或遇超标准降雨时，则形成涝灾。

2. 平原坡水区

平原坡水圩主要分布于沂沭泗水系及洪泽湖周边、太湖湖西等地区。区内大部分为有一定自然坡度的平原地区，虽有排水系统和一定的排水能力，但在较大降雨情况下，往往因坡面漫流或洼地积水而形成灾害。

3. 滨河（湖）圩区

滨河（湖）圩区为流域性河、湖周边的低洼地区或圈围地区，其地貌特点近似于平原坡地，但因受河、湖洪水顶托，部分或全部丧失自排条件，当排水动力不足时形成涝灾。

4. 滨江（海）潮位顶托区

滨江（海）潮位顶托区主要分布于沿江、沿海地区，除灌河以外，入江入海口门均建闸控制，受长江、沿海潮汐顶托影响，排水难度大，洪涝滞蓄时间长，易形成涝灾。

经统计，全省共有平原洼地（圩区）1.58 万 km²，占涝区总面积的 20.1%；平原坡水区 2.25 万 km²，占 28.8%；滨河（湖）圩区 1.54 万 km²，占 19.7%；滨江（海）潮位顶托区 2.46 万 km²，占 31.4%。平原洼地（圩区）和滨河（湖）圩区共 3.12 万 km²，占涝区总面积的 39.8%；平原坡水区和滨江（海）潮位顶托区共 4.71km²，占 60.2%，见表 4 - 3。

表 4 - 3　　　　　　　　　　　江苏省涝区分类面积统计表　　　　　　　　　　单位：km²

类　别	平原洼地(圩区)	平原坡水区	滨河(湖)圩区	滨江(海)潮位顶托区	合计
沂沭泗水系	1847	9843	3275	4961	19926
淮河水系	10466	8118	6162	7323	32069
长江水系	0	0	4419	8000	12419
太湖水系	3462	4589	1591	4291	13933
全省总计	15775	22550	15447	24575	78347
占比/%	20.1	28.8	19.7	31.4	100

第四节　涝区分类治理方法

涝区治理主要是在现有治涝体系的基础上，按照"分片排涝、等高截流，留湖蓄涝、排蓄结合，自排为主、辅以抽排，排灌结合、综合治理"的原则，在全面推进海绵城市建设，普遍进行河道清淤、清理湖荡，对病险涵、闸、站、库进行除险加固，大力恢复提高渗、蓄、泄能力的基础上，重点通过增加蓄滞水面、扩大外排出路、增建抽排泵站和治理承泄区等工程措施，以及水面率控制、圩区治理指导意见和种植结构调整等非工程措施，提高低洼易涝区治涝标准。

1. 平原洼地（圩区）

针对平原洼地普遍具有四周高、中间低的碟形地形特点，在着力保障调蓄水面、维护调蓄功能的前提下，构建布局合理、河湖相连、干支分明、引排自如、综合利用的河网，充分利用外部排水条件，自排、抽排并举，多途径扩大外排能力，尽量外排涝水。对经常受涝的洼地腹部，加强圩区建设，控制圩区规模，扩大圩内水面，合理安排外排动力，在圩外河网出现超标准洪水时适当控制圩区外排，既减轻低洼圩区的洪涝威胁，也避免对周边次高地带来次生洪水危害。对圩区周边的次高地，建设分级排水河沟体系，完善干河沿线挡洪设施，重要保护对象适当建设排涝泵站或安排机动排涝动力，提高治涝标准。同时要加强涝区统一管理与水利工程统一调度，共同分担洪涝风险，维持外河网设计洪涝水位的相对稳定。

2. 平原坡水区

平原坡水区总体地形高差较大，排水走势较为稳定，受承泄区河湖顶托影响小，要避免高水滚坡而下、对下游低地重复淹没的问题。按照分片排水、高低分排、自排为主、抽排为辅的原则，统筹规划排涝和调控地下水位的排水系统，因地制宜地采取排、截、蓄等工程措施解决治涝问题。对于山前平原和地势高亢的平原河道上游地区，开挖截洪沟、撇洪沟使高水专道外排，修筑库塘、利用湖洼蓄滞解决高水出路问题。对于地势平缓的河流中下游平原坡水区，地下水位较高，涝渍威胁较大，依托区域骨干河道，构建大、中、小沟相配套的自流排水系统，辅以必要的排涝泵站，达到排除涝水并控制地下水位的目的，当坡水区内部地形高差较大时，设置梯级河网，分级控制排水，避免高低矛盾，并发挥河网蓄水灌溉作用。

3. 滨河（湖）圩区

江苏河流水系中流域性河湖众多，其设计洪水位多高于沿线地面，既有防洪保安问题，又影响沿河沿湖洼地排涝。对滨河（湖）圩区治涝，要根据自然条件和内、外河水文情况，在确保圩区防洪安全的基础上，按照先自排后内蓄再机排，先低后高，先田后湖，先近后远，高低分排，等高截流，分区滞蓄的原则，采取筑圩挡洪、挖河排涝、修闸自排、湖洼蓄滞、建站抽排等工程措施，形成自排、调蓄、电排相结合的综合治涝工程体系，达到洪、涝、渍兼治的目的。对外洪内涝遭遇概率较低的圩区，适当安排机动排涝动力，提高排涝灵活性。

4. 滨江（海）潮位顶托区

对长江两岸、黄海西岸等滨江（海）潮位顶托区治涝，要根据暴雨、台风和潮汐运动等自然规律，在构筑挡洪（潮）体系防御洪潮威胁的基础上，面向江海，开挖排水河道，修建排水涵闸和泵站，充分利用落潮和外河低水位时通过水闸就近自流抢排，在无自排条件时，则关闭闸门并利用滨江（海）泵站抽排，降低河网水位，达到洪、涝、潮兼治的目的。区域内部，根据地形高差，完善分级排水体系，注意排江（海）河道的衔接调度，发挥排涝工程体系整体效益。

第五节　涝区治理格局

经过多年的水利建设，江苏省已基本形成以流域骨干工程为基本框架，区域治理工程相配套，调度管理等非工程措施初步到位的防洪除涝减灾体系，工程体系中的流域、区域、城市等不同层次的工程系统密切联系，形成既相互配套又联合运行的防洪治涝工程体系。区域治涝工程的实施不仅要依托流域洪水的治理，同时也要为流域防洪和区内城镇防洪治涝创造条件。区域防洪治涝工程既要满足区域防洪治涝要求，又要发挥区域供水、农田灌溉、改善水环境的综合利用效益。因此，根据各涝区的灾害特点，围绕经济社会发展目标，在统筹研究区域与流域、区域与城镇、防洪除涝与灌溉供水及改善水环境等相关方面关系的基础上，提出全省4大水系、17个二级涝区的防洪除涝格局。

一、沂沭泗水系

沂沭泗水系历史上按照"蓄泄兼筹"的治理方针和"东调南下"布局进行了综合治理，上游山丘区加固现有水库、拦蓄调节洪水，中下游修建沂沭河洪水控制建筑物，扩大分沂入沭、新沭河行洪规模，使沂、沭河洪水尽量就近东调入海，相应扩大南下的韩庄运河、中运河和骆马湖以下的新沂河，使南四湖和沂河洪水经新沂河顺利入海。目前已实施完成洪水东调南下二期工程，沂沭泗中下游地区防洪标准达到50年一遇，近期将开展南下工程100年一遇防洪标准研究。

经流域性行洪河道、湖泊等堤防分隔，沂沭泗水系平原洼地涝区分为南四湖湖西、骆马湖以上中运河两岸、沂北与沂南 4 个二级涝区。其中南四湖湖西区大部分区域排水出路为南四湖，部分由苏北堤河、顺堤河等截入不牢河。骆马湖以上中运河两岸区的运东邳苍郯新区涝水大多通过内部河道排入外围行洪河道，部分低洼地区建站抽排；运西黄墩湖区，根据地形水系状况分片排水，一部分北排伊家河和老不牢河，西排丁万河再入不牢河，大部分排入房亭河、民便河、徐洪河和邳洪河，最终均汇入中运河。沂北区的沭北区通过独立河道排水入海；沭南区西部高水通过岔流新开河截入新沂河，北部高水通过龙梁河、石安河截入石梁河水库与新沭河，中东部排入蔷薇河、大浦河等河道后汇入新沭河或直接入海，局部洼地建站抽排，沂北区涝水通过古泊善后河、五灌河等河道排水入海。沂南区为灌河水系，盐河、淮沭河贯穿南北，上游除局部地区汇入或相机汇入新沂河外，主要通过沂南小河、柴米河、北六塘河、南六塘河、一帆河、南潮河等，自西南向东北经盐东控制汇归灌河入海。

（1）南四湖湖西区。现状已形成以南四湖西堤为主的外围防洪屏障，以南四湖为主要承泄区，由复新河、姚楼河、杨屯河、沿河、鹿口河、郑集河等东西向入湖港河，徐沛河、苏北堤河、顺堤河等南北向调度河道及抽排站构成的排涝工程体系。规划巩固现有排水体系，完善梯级控制河网，进一步扩大外排河道规模，加固通湖河道堤防，局部洼地通过面上排涝干沟和圩区排涝泵站提高排涝能力。

（2）骆马湖以上中运河两岸区。运东邳苍郯新区形成以中运河左堤、邳苍分洪道堤、沂河堤、沭河堤、新沂河左堤为屏障的外围防洪工程体系，以西迦河、城河、新墨河等河道、堤防为主的内部防洪治涝工程体系，涝水大多通过内部河道排入外围行洪河道，部分低洼地区建站抽排；运西黄墩湖区形成以骆马湖堤、废黄河堤、中运河右堤为屏障的外围防洪工程体系，以房亭河、民便河、邳洪河等河道、堤防和抽排站为主的内部防洪治涝工程体系。规划维持现状排涝体系，重点对内部不达标骨干河道进行治理，局部低洼地区建站抽排。

（3）沂北区。依托流域治理，已基本形成以石梁河大坝、沭河东堤、新沂河北堤、新沭河堤、海堤为屏障的外围防洪体系。沭南、沭北等山丘地区形成了以水库、堤防为主的区域防洪工程体系。沭北、沭南片分别形成了以范河、朱稽付河、兴庄河和蔷薇河、鲁兰河、大浦河等河道为主的除涝工程体系；沂北区形成了以古泊善后河、烧香河、车轴河、东门五图河、牛墩界圩河、五灌河等河道为主的除涝工程体系。沭北、沭南区在维持现有排水布局的基础上，对不达标河道和建筑物进行治理，沂北区重点推进埒子口综合治理，同时对区域内部骨干河道进行治理，局部调整排水范围。

（4）沂南区。该区为灌河水系，盐河、淮沭河贯穿南北。上游除局部地区汇流入新沂河外，区内沂南小河、柴米河、总六塘河-北六塘河、南六塘河、一帆河、南潮河等，自西南向东北经盐东控制汇归灌河入海。沂南区的现有排涝格局形成主要是结合 1958 年分淮入沂工程，对淮沭河以西水系进行了调整，扩建了入灌河河道，初步形成了现有排涝水系格局，1980 年又兴建了盐东控制工程，初步形成了"两级控制，一条入海通道，五条高低分排河道"的现有排涝格局。规划在现有排水布局的基础上，适当调整排水范围，增加淮西、淮东盐西外排出路。

二、淮河水系

淮河水系按照"蓄泄兼筹，以泄为主"的治理方针，巩固了洪泽湖调蓄能力，巩固扩大了洪水归江能力，新辟了淮河洪水入海河道，完善了相机入沂通道，目前已基本完成入江水道整治、洪泽湖大堤加固及分淮入沂整治工程，淮河下游防洪标准接近 100 年一遇。近期将在巩固现有工程防洪设计能力的基础上，开工建设淮河入海水道二期工程，进一步扩大洪水入海规模，洪泽湖及以下防洪标准达到 300 年一遇。

淮河水系平原洼地涝区分为奎河上片、洪泽湖周边及以上、渠北、白马湖高宝湖及里下河 5 个二级涝区。奎河上片区涝水经内部河道汇入安徽境内的奎河，最终经新濉河入洪泽湖。洪泽湖周边及以上区的区域涝水经过内部各通湖河道汇集，就近分散排入洪泽湖，洪泽湖周边圩区建站抽排。渠北区东西高差较大，西部高片涝水排入总渠与入海水道南泓，东部低片涝水主要自排、部分辅以抽排入海，废黄河片独立排水入海。白马湖高宝湖区，北部白宝湖区涝水经白马湖、宝应湖等内部湖泊调蓄后，大部分经泵站抽排入苏北灌溉总渠、里运河、入江水道和高邮湖；南部高邮区涝水经入江水道等归江河道最终汇入长江。里下河区腹部区形成了以射阳河、新洋港、黄沙港、斗龙港、川东港等五港自排入海为主，以江都站、高港站、宝应站分别通过新通扬运河、泰州引江河、潼河抽排入江为辅的排水体系；沿海垦区既是排泄里下河腹部洪涝水的入海通道，又分片形成独立排水区自排入海。

（1）奎河上片区。为奎河上游省际边界水系，大多位于徐州市区。该区主要为丘陵山区和平原坡水区，上游徐州兴建了云龙湖水库，内部涝水汇入闸河、闫河、运料河、奎河等省际边界河道，汇入安徽境内的奎河，最终经新濉河入洪泽湖。规划对内部支河进行治理，局部低洼地区建站抽排。

（2）洪泽湖周边及以上区。该区为江苏省淮河水系中游地区，主要包含洪泽湖周边区域和上游入湖河道两侧汇水区域，根据水系划分为奎濉河下片和洪泽湖周边 2 个三级涝区。奎濉河下片区为湖西侧奎濉河、老濉河、怀洪新河等入湖河道两侧，以及泗洪境内濉汴河区域；其中奎濉河下游片接安徽境内新老濉河汇水及怀洪新河、新汴河等江苏境内区域来水入溧河洼，濉汴河区域经内外水分排后，汇上游濉北河、拦山河等支流后经老汴河、濉河入洪泽湖。洪泽湖周边区包括洪泽湖北侧的徐洪河、安河区域和洪泽湖南侧的盱眙山丘区，安河区为历史上的安河水系，上游支流原有潼河、龙河，扩挖北延形成徐洪河后，沿线又开挖了徐沙河、新农河等支河，徐洪河以东尚有安东河、民便河等独立入湖河道，排水均汇入洪泽湖，盱眙山丘区仅在淮干和沿湖分布少量洼地圩区，大多建站抽排。此外，洪泽湖蓄垦工程建设了 380 多个圩区，在洪泽湖水位较高时靠抽排入通湖河道或直接入湖。在维持现有排涝体系的基础上，山丘与平原区进一步整治骨干排涝河道，改建河道沿线挡排建筑物，圩区考虑疏浚排涝干沟并适当增加抽排动力，改造病险涵闸泵站。

（3）渠北区。区内地面起伏较大。西部高片涝水除利用现有抽排站抽排，渠北闸、东沙港闸向总渠相机排水外，其余由入海水道南泓自排入海；东部低片涝水主要由老管河以下北泓自排入海，不足部分利用原有泵站抽排。行洪期高片临时架机抽排，低片利用增建、改建的泵站结合排涝，并利用八滩渠分排。渠北废黄河片通过中山河、翻身河、淤黄河独立排水入海。规划结合入海水道二期工程建设，开挖东环城河，整治八滩河等骨干河道及沿线排涝泵站，巩固提高区域排水能力。

（4）白马湖高宝湖区。现以大汕子格堤为界分为白宝湖区和高邵湖区。入江水道纵贯全区，大汕子格堤以北为白宝湖区，其中老三河隔堤以北由花河、浔河、草泽河等河道汇入白马湖，后经新河、淮安站等抽入总渠，老三河隔堤以南由洪金排涝河、大汕子河、金宝航道、南北公司河等河道汇入宝应湖，后由金湖站等抽排入入江水道或自排入高邮湖，沿里运河、高邮湖等圩区由泵站直接抽排。高邵湖区北部涝水通过汪木排河等河道直接排入入江水道，湖西圩区抽排入高邮湖、邵伯湖，归江河道以下大多已建成圩区，有自排机遇时相机抢排，无法自排时，通过内部排涝泵站抽排入河、入江。规划通过实施湖泊退圩还湖、内部河道治理和适当增建外排泵站，提高区域排涝能力。

（5）里下河区。经过多年治理，已形成相对独立的引排水系，按照"上抽、中滞、下泄"的治理方针，初步形成以"六横六纵"为内部骨干河网，以射阳河、新洋港、黄沙港、斗龙港、川东港等五港自排入海为主，以江都站、高港站、宝应站分别通过新通扬运河、泰州引江河、潼河抽排入江为辅，腹部湖泊湖荡滞蓄的综合治涝格局。沿海垦区均建闸控制，既是排泄里下河腹部洪涝水的入海通道，又按地面高程形成独立排水区，分为夸套、运棉河、利民河、西潮河、大丰斗南、东台堤东、斗南南通 7 个区域，22 个独立自排区自排入海。规划进一步完善现有治涝工程体系，增强"上抽、中滞、下泄"能力。

三、长江水系

长江干流按照"固堤防，守节点，稳河势，止坍江"的治理原则，1997 年以来，巩固长江干流堤防，加强重要节点和险工岸段的守护和洲滩的治理，遏制重要支汊的萎缩，保障河势稳定，进一步巩固提高堤防标准，目前干流堤防已满足防御 1954 年型洪水要求，河口段、重点城市和开发区段堤防正逐步按 100 年一遇设计标准建设。近期将继续巩固长江干流堤防，加强重要节点和险工岸段的守护，进一步稳定河势。

长江水系平原洼地涝区分为滁河、秦淮河、石臼湖固城湖及通南沿江 4 个二级涝区。滁河区大部分地区涝水汇入通滁骨干河道，排入滁河干流，沿江小流域分区汇流，独流入江。秦淮河区涝水通过干支流汇入秦淮河后由外秦淮河和秦淮新河入江，沿江小流域分区汇流，独流入江。石臼湖固城湖区涝水由骨干河道或抽排泵站入两湖，再由运粮河等骨干河道西排入水阳江，最终经安徽下排入江。通南沿江区内部平原区通过区内骨干河道分片入江，沿江及江心圩区主要通过泵站抽排入江。

（1）滁河区。经过多年治理，现状基本形成了滁河干流多条入江分洪道的排洪格局，圩区进行了防洪除涝治理，按照"洪涝分开，分区治理"的原则，扩大区域外排出路，完善了区内圩区综合治理；沿滁片涝水按"高水高排、低水低排"的格局，利用通滁骨干河道，排入滁河干流；沿江片涝水，分区汇流，通过通江骨干河道外排入江，或通过沿江排涝泵站直接抽排入江。规划在现有防洪治涝工程体系基础上，进一步推动通江通滁河道治理，扩大区域外排能力。

（2）秦淮河区。秦淮河流域四面环山、中间低平，有句容河、溧水河两源，汇集上游山丘区来水，在西北村汇入秦淮河干流，通过外秦淮河和秦淮新河两条入江通道排泄。其他沿江小流域多发源于长江南岸低山丘陵，流经沿江圩区后，独流入江，主要由江宁河、九乡河、七乡河等18个通江河道排水入江。规划在现有防洪治涝工程体系基础上，进一步完善"上蓄、中滞、下泄"治理格局，提高区域防洪治涝标准。

（3）石臼湖固城湖区。由石臼湖、固城湖分别承泄新桥河、胥河、漆桥河等山丘区来水；两湖中部平原区通过蛇山站、筑城圩、西城站等重点泵站抽排涝水入湖，两湖间有人工开挖的石固河连通两湖；两湖洪涝水分别由运粮河、官溪河西排入水阳江后汇入长江；另外，两湖分别通过天生桥河、胥河与秦淮河地区、太湖湖西地区相通。规划在现有防洪治涝工程体系基础上，进一步整治入湖支流河道及两湖下泄通道，改善两湖连通与外排能力，增加圩区排涝动力，完善圩区治理格局。

（4）通南沿江区。该区又分为扬泰区和南通区2个三级涝区。扬泰区按照高低分排、分散入江的思路整治了内部河网，扩大了南排长江出路，加强沿江圩区建设。南通区通江达海，是典型的平原河网地区，遵循"分片排水，高低分开，自排为主，抽排为辅"的原则进行治理，形成了区域骨干排涝河网，涝水经河网汇流调蓄后，高沙土片主要通过焦港、如海运河等南排入江，斗南垦区通过栟茶运河等东排入海，九吕区主要通过九圩港、通吕运河、如泰运河等分别入江入海，通启区根据地形高低分成3片，西、中片通过通江河道南排入江，东片涝水经三和港等分别南排入江或东排入海。规划在现有骨干河道工程的基础上，完善骨干引排河网，适当增建、拆建低洼地区排涝闸站，进一步完善现有排涝工程体系。

四、太湖水系

太湖水系是长江水系最下游的支流水系，80％以上是平原和水面，受平原地势低洼、地面坡降小和潮汐顶托等影响，流域排水速度慢，排水难度大，平原河网地区洪涝不分，流域洪涝灾害频繁。流域治理以太湖洪水安全蓄泄为重点，初步形成了洪水北排长江、东出黄浦江、南排杭州湾，充分利用太湖调蓄的流域防洪骨干工程体系，能够防御1954年型洪水，为区域防洪除涝能力的提高创造了条件。近期将按照流域防御100年一遇洪水的要求，以治太骨干工程为基础，进一步完善"太湖调蓄，洪水北排长江、东出黄浦江、南排杭州湾"的流域防洪工程布局，形成流域、城市和区域三个层次相协调的防洪除涝格局。

根据流域内河道水系分布、地形高差变化、洪涝特点等因素，太湖水系涝区划分为太湖湖西、武澄锡虞、阳澄淀泖和太浦河以南属杭嘉湖涝区的浦南4个二级涝区。太湖湖西区河湖相连，以洮、滆湖为中心，分为北部运河水系、中部洮滆水系和南部南河水系，运河水系以苏南运河为骨干河道，洪涝水由苏南运河、九曲河、新孟河、德胜河入江；洮滆水系由通济河等承接西部茅山及丹阳、金坛等高地来水入洮湖，经由湟里河、北干河、中干河等入滆湖，再由太滆运河、殷村港及湛渎港等汇入太湖；南河水系以南河为干流，包括南河、中河、北河及其支流，汇集两岸来水后经西氿、东氿，由城东港等汇入太湖。武澄锡虞区是太湖北部的低洼平原区，大部分地区地面高程均在长江和太湖高水位以下，区内河网密布，涝水外排主要入长江，相机入望虞河和太湖。阳澄淀泖区受太湖、望虞河、太浦河流域洪水三面包围，区内分为阳澄区、淀泖区和滨湖区，阳澄区排水主要入长江；

淀泖区有淀山湖、澄湖、元荡等调蓄水面，涝水主要经吴淞江、急水港、牵牛河、八荡河等骨干河道汇入淀山湖，经拦路港通黄浦江；滨湖区洪涝水则主要汇入京杭大运河外排。浦南区为低洼圩区，属太湖下游杭嘉湖区的一部分，西南侧浙江排水经过该区北排太浦河、东排入浙江。

（1）太湖湖西区。该区多年来进行了上游拦蓄山水、沿江建闸筑堤、平原拓浚河道、洼地圩区治理建设，特别是1991年大水后通过实施湖西引排工程，已基本形成上游依靠大中型水库拦蓄，中部依靠洮滆湖调蓄，下游通过拓浚入湖入江河道和沿江建站排水的防洪治涝工程体系。规划按照增加调蓄、扩大入江、畅通入湖、高低分排的要求，进一步扩大北排长江出路，充分发挥洮、滆湖调蓄能力，相应整治入太湖河道，同时兼顾圩区配套治理。

（2）武澄锡虞区。1991年治太以来，实施了武澄锡引排工程，武澄锡低片和澄锡虞高片基本形成独立的防洪治涝工程体系。武澄锡低片除利用北部沿江控制线、南部环太湖控制线、东部白屈港控制线、西部武澄锡西控制线阻挡外洪外，内部洪涝水通过沿江河道和枢纽泵站等，形成北排长江为主，通过京杭大运河东排为辅，以及相机排入太湖的排水格局。澄锡虞高片在白屈港控制线启用期间，洪涝水除通过张家港、十一圩港等直接北排长江外，其余则相机排入望虞河。规划结合太湖水环境综合治理要求，调整入湖排水格局，重点扩大外排入江出路，优化洪涝水入湖调度，发挥骨干工程在水资源利用与保护等方面的综合功能，同时进一步整治配套内部河网，合理安排圩区抽排。

（3）阳澄淀泖区。经多年治理，该区基本形成了以环太湖大堤、长江江堤、望虞河东岸、太浦河北岸、淀山湖大堤五条控制线为外围屏障的防洪工程体系，阳澄区形成以常浒河、白茆塘、七浦塘、杨林塘、浏河等通江引排河道为主，阳澄湖群调蓄为辅，内部河网贯通的区域排水体系；淀泖区在上海市实施青松大包围后，形成洪涝水经湖群调蓄后仅向南排拦路港的格局；滨湖区整治了胥江、浒光运河、苏东河，洪涝水主要通过京杭大运河南泄。规划进一步依托流域骨干防洪体系，按照"洪涝分开，分区治理"的原则，以扩大区域外排出路为重点，增加河网、湖泊调蓄，兼顾航运、供水、水环境等综合效益，统筹区内分级防洪除涝格局。

（4）浦南区。经过治理，该区初步形成了杭嘉湖北排入太浦河通道以及东排进入浙江境内杭嘉湖平原区的河道。规划与太浦河流域治理、杭嘉湖区域治理相协调，进一步加强内部河湖调蓄，统筹兼顾圩区治理配套。

第五章

治 涝 水 文 计 算 方 法

第一节　水　文　气　象

一、降水量

受季风活动影响，江苏省内降水量年内分配不均，其逐月分配一般呈铃形分布。汛期（6—9月）苏北沿海雨量较大，多年平均降水量约为650mm，西部从丰沛地区到苏南宜溧山区，多年平均降水量约为550mm，北部与南部的汛期多年平均降水量差异不大；非汛期（1—5月和10—12月）多年平均降水量北部约为250mm，最南部达550～600mm，差异较明显。汛期降水量占全年的比重，北部在70％左右，苏南太湖地区占50％左右。年内最大月降水量多出现在7月，多年平均值为160～260mm，占年降水量的18％～25％；最小月降水量常出现在1月或12月，多年平均值在20mm左右，个别年份全月无降水。

二、蒸发量

1. 水面蒸发量

江苏各地多年平均水面蒸发量为950～1100mm，总的趋势是由西南向西北递增。苏南石臼湖地区和通南如皋一带为950mm低值区；太湖湖东和镇江、南京附近地区以及苏北的盱眙、淮阴、阜宁至大丰闸一线在1000mm左右；盱眙至阜宁一线以北，由1000mm增至连云港一线的1100mm高值区。

水面蒸发年内分配很不均匀，各站连续最大4个月蒸发量一般发生在5—8月，占年蒸发量的50％左右。最大月蒸发量出现在7月或8月，多年平均值为110～200mm，占年蒸发量的12％～18％；最小月蒸发量出现在1月或2月，多年平均值为25～45mm，占年蒸发量的2％～4％。

全省多年平均干旱指数地区分布：1.0等值线在射阳、建湖、界首、红山窑枢纽一线；废黄河以北在1.10～1.30；江宁、镇江、江都至盐城一线以南在0.90～0.95；通南部分地区有0.85的低值区。

2. 陆地蒸发量

全省陆地蒸发量（陆地表面土壤蒸发量、植被蒸发散发量、水体蒸发量的总和）多年平均为 600～800mm，大致由东南向西北递减。降水量多且蒸发量供水充分的湿润地区，如太湖地区，年降水量在 1050mm 以上，年陆地蒸发量达 750～800mm，与水面蒸发量 900～1000mm 相接近；降水较少的西北部丰沛地区，年降水量只有 800mm 左右，水面蒸发量在 1100mm 以上，而陆地蒸发量不足 600mm，为全省陆地蒸发的低值区。

三、梅雨

由于大气环流的季风影响，来自海洋的暖湿气团与北方南下的冷空气遭遇，形成一条东西向静止锋，造成阴雨连绵和暴雨相对集中的梅雨。6 月中旬，西太平洋副高脊线北移至北纬 20°以北，强度和范围有所增加，且稳定少动，雨区一般集中在江淮流域；7 月上中旬，副高脊线北跳到北纬 25°以北，徘徊于北纬 25°～30°之间，雨区从长江流域移到黄淮流域。其特点是降雨范围广、雨量大、雨期长，且雨带走向与长江、淮河的汇流走向大体一致，容易引发流域性大洪水。江苏省正常年份 6 月中旬入梅，7 日上旬出梅，梅雨期长 23～24 天，梅雨量一般为 230mm 左右；但个别年份梅雨期可长达 48 天（1996 年）甚至 65 天（1896 年），梅雨量超过 870mm（1991 年）；有的年份梅雨期只有 3 天（1978年），梅雨量只有 12mm（苏南），梅雨情况见表 5-1 和表 5-2。

表 5-1   江 苏 省 梅 雨 特 征

梅雨特征		苏南	江淮之间	淮北
最长梅雨期 （1996 年）	梅期长/d	48(6 月 3 日—7 月 2 日)		
	雨量/mm	488	503	461
最短梅雨期 （1978 年）	梅期长/d	3(6 月 23 日—25 日)		
	雨量/mm	12	28	34
最大梅雨量 （1991 年）	梅期长/d	38 天(6 月 8 日—7 月 15 日)		
	雨量(mm)	870	872	371
多年平均	梅期长（天）	23	24	
	雨量/mm	235	225	170～186

表 5-2   不同量级梅雨出现年数   单位：年

梅雨量/mm	苏南	江淮之间	梅雨量/mm	苏南	江淮之间
≥500	2	3	199～100	18	19
499～400	3	1	≤99	6	6
399～300	6	6	合计	46	46
299～200	11	11			

根据 1954—1999 年资料统计，65％的年份梅雨量在 100～300mm 之间，63％的年份梅雨期长 15～40 天。梅雨较大的年份苏南与江淮之间不尽相同，按雨量从大到小，苏南依次有 1991 年、1999 年、1996 年、1954 年、1975 年、1987 年、1969 年等；江淮之间依次有 1991 年、1954 年、1996 年、1980 年、1969 年、1956 年、1972 年等。

四、台风暴雨

江苏省出现的台风暴雨，多是在强台风登陆北上过程中，台风环流或其倒槽遭遇西风槽或其带来的冷空气，形成大暴雨或特大暴雨。从时空分布看，多发生在8—9月，沿海地区发生概率较高，但也有深入大陆腹部的，如"75·8"台风暴雨中心在河南泌阳。台风暴雨的特点是降雨范围相对较小，历时较短，但暴雨强度大、破坏力强，往往是区域性洪涝的主要原因，但一般不会引发流域性大洪水，主要台风暴雨见表5-3。

表5-3　　　　　　江苏省主要台风暴雨记录（最大1日降雨量≥300mm）

年份	雨量观测点	最 大 1 日		最大24h 雨量/mm	最大3日 雨量/mm
		雨量/mm	日期/(月.日)		
1953	江都六闸	436.9	9.2	447.5	447.8
1959	江都朱堵集	322	8.3		
1960	如东潮桥	653	8.4	822.0	934.0
1962	姜堰溱潼	339.2	9.1	374.4	374.4
1965	大丰大丰闸	531.6	8.21	672.6	917.3
1974	宿迁小王庄	374.6	8.12		
1985	连云港海棠村		9.1	599.1	599.3
1990	宜兴大涧	415.6	8.31	421.3	
2000	响水县城	563	8.30	824.7	877.4

根据江苏省1950—2000年资料统计，由于台风引发的最大1日暴雨量超过300mm的台风暴雨有9次，其中暴雨强度较大的是"60·8"潮桥暴雨、"65·8"大丰闸暴雨和"2000·8"响水暴雨。这三场台风暴雨具有以下共同特点：时间均发生在8月；暴雨历时短，暴雨量集中在24h内；暴雨笼罩面不大，最大1日200mm等雨量线笼罩面积分别为3200km²、3400km²、8850km²。响水县是江苏省排水条件较好的县（市）之一，2000年8月，最大24h雨量达824.7mm，再加上适逢农历初三大潮，海水顶托，涝水难以外排，城区积水最深达1.5m。要预防杜绝这类突发性的局部大暴雨造成的洪涝灾害是不可能的，只能通过加强防洪减灾体系建设，尽量减轻洪涝灾害带来的损失，典型特大暴雨见表5-4。

表5-4　　　　　　　　典型特大暴雨情况

年-月	暴 雨 中 心					最大1日降雨笼罩范围		
	地点量 /mm	最大6h 雨量/mm	最大12h 雨量/mm	最大24h 雨量/mm	最大3日 雨量/mm	>200km² /mm	>300km² /mm	>400km² /mm
1960-08	潮桥	409	592	822	934	3200		
1965-08	大丰闸	291.8	453.7	672.6	917.3	3400		
2000-08	响水	388.5	591	825	877	8850	4688	2193

五、雷暴雨

除了台风暴雨，还有雷暴雨，其历时短，范围小，但出现概率高，有的强度很大。它不会引发流域性大水或区域性大水，但在对局部地区特别是城镇，涝水无法及时排出，会积水成灾。在地域分布上，江苏省各地区均曾发生过成灾性短历时强暴雨。几场突出的短历时暴雨记录见表5-5。

表5-5　　　　　　　　　　　　　　实测短历时暴雨记录

县（市）	地　点	最大24h雨量 ≥360mm		最大6h雨量 ≥300mm		最大1h雨量 ≥120mm	
		暴雨量/mm	年-月-日	暴雨量/mm	年-月-日	暴雨量/mm	年-月-日
邳州	沟上集	513.4	1915-07-31				
扬州	城区			300.9	1953-09-21	148.9	
苏州	城区	368.6	1962-09-05			129.7	
泰兴	马甸港	378.7	1975-06-23				
高邮	岗板头	393.4	1976-06-29	341		147.2	
滨海	县城			303.3	1985-08-21	146.5	
宝应	射阳镇					125.4	1986-08-06
大丰	王港新闸	436.7	1992-09-06	342.6		148.9	
如东	岔河			330.2	1993-08-05		
沭阳	县城					125.2	1993-08-05
徐州	城区	374.5	1997-07-17				

六、区域代表站实测雨量特征值统计

以江苏省各涝区为单元，在每个单元中找一个雨量站作为代表站，统计其雨量特征值，包括长、短历时特征暴雨，实测雨量特征值统计见表5-6和表5-7。

表5-6　　　　　　　　　　　代表站长历时实测雨量特征值统计

区　　域	站点	最　大　1　日			最　大　3　日		
		暴雨量/mm	年份	日期	暴雨量/mm	年份	日期
南四湖湖西区	鹿楼	212.6	2006	7.2	231.8	2006	7.1
骆马湖以上中运河两岸区	运河	242.8	1972	7.5	331.8	1972	7.4
沂北区	临洪	240.0	2012	7.8	357.8	2012	7.7
沂南区	响水口	563.1	2000	8.30	877.4	2000	8.28
洪泽湖周边及以上区	金锁镇	282.3	1974	8.12	432.6	1974	8.11
渠北区	滨海闸	304.1	1985	8.21	325.5	1983	7.19

续表

区 域	站点	最 大 1 日			最 大 3 日		
		暴雨量/mm	年份	日期	暴雨量/mm	年份	日期
白马湖高宝湖区	庙沟	236.4	1976	6.29	251.2	1991	7.6
里下河区	兴化	306.5	1953	9.2	320.7	1953	9.2
滁河区	六合	198.3	2003	7.4	300.0	2003	7.4
秦淮河区	南京	266.6	1974	7.30	321.1	2008	7.30
石臼湖固城湖区	高淳	280.9	1960	6.19	395.1	1960	6.19
通南沿江区	焦港闸	206.3	1994	10.9	358.0	2011	7.11
太湖湖西区	金坛	231.4	2002	6.20	352.0	2002	6.19
武澄锡虞区	常州	176.6	1970	7.12	271.4	1991	6.30
阳澄淀泖区	苏州	238.1	1962	9.5	438.1	1962	9.4
浦南区	平望	270.9	1960	8.3	314.5	1962	9.4

表 5-7   代表站短历时实测雨量特征值统计

区 域	站点	最 大 1h			最 大 6h		
		暴雨量/mm	年份	日期	暴雨量/mm	年份	日期
南四湖湖西区	鹿楼	76.1	1994	7.15	193.5	2006	7.2
骆马湖以上中运河两岸区	运河	83.0	1951	7.3	239.0	1972	7.5
沂北区	临洪	104.9	1973	7.29	176.4	2001	6.28
沂南区	响水口	105.8	2000	8.30	388.5	2000	8.30
洪泽湖周边及以上区	金锁镇	106.2	1964	7.31	188.4	1964	7.31
渠北区	滨海闸	103.4	2000	8.30	245.9	2000	8.30
白马湖高宝湖区	金湖	85.9	2008	8.2	152.5	2000	8.28
里下河区	兴化	87.9	1991	6.29	184.8	1991	6.29
滁河区	晓桥	95.2	1995	7.26	215.5	2008	8.1
秦淮河区	南京	80.5	2004	8.14	189.5	1974	7.30
石臼湖固城湖区	高淳	85.1	2004	8.3	259.1	1960	6.20
通南沿江区	焦港闸	98.5	1995	8.22	171.0	2011	7.13
太湖湖西区	丹阳	84.2	1995	7.17	180.2	1965	8.20
武澄锡虞区	常州	79.3	1961	7.8	123.3	1974	7.31
阳澄淀泖区	枫桥	129.7	1984	8.23	199.1	1984	8.23
浦南区	平望	88.0	2009	8.4	201.6	1960	8.4

第二节　水 文 基 础 资 料

江苏省从 1956 年开始首次编制《江苏省水文基本站网规划》，以后又进行了多次验证分析以及站网调整充实和发展规划，随着规划的实施和国民经济发展的要求，站网建设不断发展，已基本形成门类齐全、布局合理、具有江苏特色的水文站网，各类水文观测资料系列达 60 余年。

1. 降水量

江苏省独立的雨量站有 237 处，加上水文站、水位站中的雨量观测项目，合计 431 有处，雨量站网密度为 238km²/站。从总体上看，已布设的站网大致均匀分布，基本上能掌握降水时空变化规律和降水量等值线转折变化。

2. 潮（水）位

江苏省 2013 年单独设立的水位站有 138 处，其中沂沭泗水系 21 处，淮河水系 75 处，长江水系 12 处，太湖水系 30 处，加上流量站网中的水位观测数目，全省共有水位观测项目 357 处。已布设的水位站网，重要河段基本能控制河道水面线的变化，水库、湖泊水位站能反映水库、湖泊水面曲线的转折变化，沿江、沿海潮位站能反映潮汐水面线的变化过程。

3. 流量

江苏省 2013 年布设流量站 153 处，其中沂沭泗水系 29 处，淮河水系 70 处，长江水系 13 处，太湖水系 41 处，另太湖流域管理局所属太浦闸水文站 1 处，计算流量站网密度按 154 处计，流量站网密度为 666km²/站，高于世界气象组织（WMO）标准（温带、内陆和热带平原区水文站网容许最稀密度，每站控制面积为 1000～2500km²）。总体来看，江苏是流量站网密度最大的地区之一，布设的流量站网具有较好的控制作用，基本上能掌握江河湖库流量时空变化过程和径流特征。

4. 蒸发量

江苏省共有蒸发站 35 处，其中洪圩为单独设立的蒸发站，其余一般在水文站、水位站和雨量站中设立蒸发观测项目。站点分布基本均匀，站网密度为 2931km²/站，基本达到 SL 34—2013《水文站网规划技术导则》对蒸发站密度的一般要求（一般 2000～5000km² 设一站。平原水网区为水量平衡研究的需要，可采用 1500km² 一站）。从总体上看，已布设的水面蒸发站网大致均匀分布，基本上能掌握蒸发时空变化规律和蒸发量等值线转折变化。

第三节　水 文 分 析 方 法

一、设计暴雨

1. 统计选样的方法

根据江苏省各涝区暴雨和洪涝灾害形成特性及防洪除涝规划需要，采用定时段年最大值选样的方法。一般涝区选用 1、3 日暴雨，河网地区的里下河和太湖地区选用 1 日、3 日、7 日、15 日、30 日、60 日 6 个长历时暴雨时段。

2. 面平均暴雨量的计算方法

江苏省一般涝区地形平坦，雨量站站网较密，且分布较均匀，因此，多采用算术平均法计算逐年不同历时的最大面平均雨量，其精度能满足规划设计要求。

面平均降雨量计算公式为

$$\overline{x} = \frac{x_1 + x_2 + x_3 + \cdots + x_n}{n} = \frac{1}{n}\sum_{i=1}^{n} x_i$$

式中　$x_i\ (i=1,2,3,\cdots,n)$——各雨量站同时段的降雨量；

　　　　$\overline{x}$——不同历时最大面平均降雨量；

　　　　n——计算区域内采用的测站数。

3. 暴雨标准的选取

根据治涝区域的防护等级、重要性等因素确定治涝标准的重现期，一般取 5 年、10 年、20 年。对特别重要的城市，可超过 20 年一遇。对现状标准较低、标准提高困难的省际边界地区，仍可采用 3 年一遇。

降雨历时根据致涝历时确定，一般区域采用 24h～3 日降雨。城区、集镇等面积较小的区域一般采用 24h 降雨，甚至 12～6h 降雨。江苏大部分片区采用最大 1 日、3 日、7 日设计暴雨，太湖及里下河片区增加最大 15 日、30 日、60 日设计暴雨。

4. 频率分析

频率分析采用 P-Ⅲ 型曲线，一般取 $C_s = 3.5C_v$，根据适线情况对参数进行调整。在适线过程中，尽量使曲线通过点群中心，并根据频率曲线与经验点据的配合情况，使设计频率曲线与经验点据配合较好，同时考虑不同历时的频率曲线之间不能交叉，长历时 C_v 值一般不会比短历时 C_v 值大等因素及邻近区域对比协调来确定。

二、产流分析

1. 一般区域及旱地

3 日及 3 日以上降雨采用次降雨径流相关法，用土壤前期雨量 p_a 作参数，建立 $(p+p_a)-R$ 的相关关系。

净雨量

$$R = \sqrt[3]{(p+p_a-C_p)^3 + C_i^{\ 3}} - C_i$$

前期影响雨量

$$p_{at+1} = K(p_{at}+p_t)$$

式中　K——土壤消退系数，平原区取 0.93，山丘区取 0.95；

　　p_t、p_{at}——前一时段的降雨量和前期影响雨量。

当 p_a 大于 $I_{\max}$ 时，取

$$p_a = \alpha I_{\max}$$

式中　α——折算系数，2 日暴雨在 250mm 以下时取 0.5，3 日暴雨大于等于 250mm 时取 0.65；

I_{max}——流域最大初损，平原区取 90mm，山丘区取 75mm。

降雨径流关系参数见表 5-8。

表 5-8   降 雨 径 流 关 系 参 数

地 区	C_p	C_i
盱眙、仪征、六合山丘区	10	72
新沂河南北、邳苍赣榆滨海山丘区	20	75
新沂河南北、邳苍平原区	15	110
濉安河、渠北、运西、里下河地区	20	110
里下河沿海、苏北沿江地区	20	115
丰沛地区	37	114
秦淮河山丘区	20	75
太湖湖西山丘区	25	73
苏南平原区	15	120

设计净雨采用公式计算，根据不同下垫面情况，取用降雨径流关系参数 C_p、C_i。

2. 水田

采用扣损法，即

$$R_T = p_T - E_T - F - h$$

式中 p_T——历时为 T 的设计暴雨量，mm；

E_T——历时为 T 的水田蒸发量，水田蒸发量包括水面蒸发和叶面蒸发、棵间蒸发，蒸发量大于实测蒸发量，1976 年《江苏省水文手册》中取 $E = 1.5E_{80}$，没有实测资料的情况下一般采用 3~5mm/d；

F——水田渗漏量，可通过公式 $F = \varepsilon T$（mm）计算，ε 是渗漏强度（单位：mm/d），当田间水层深度为 10~40mm 时，黏土、壤土、沙壤土的 ε 值分别为 1.0~1.5mm/d、2.5~3.0mm/d、4.0~4.5mm/d；

h——水田滞蓄水深，结合水稻各生长期适宜水深上、下限及耐淹水深，对水田滞蓄水深进行逐时段调节计算。为简化计算，亦可取水稻耐淹水深与适宜水深上限差值，研究范围内一般取均值 30mm。

3. 城镇

城镇产汇流条件和治涝要求与农区不同。随着城镇建设规模扩大，城区占用面积也逐年扩大，城区面积在计算区域的比重增加，宜将城区作为独立的区域进行分析。

目前我国尚无城区暴雨洪水计算方法的规范。对于已有城市防洪规划的地区，可采用其中成果。城区净雨计算一般采用扣损法，也可采用径流系数法。

扣损法即一场暴雨扣损后作为净雨，1984 年《江苏省暴雨洪水图集》中 24h 暴雨扣损参数采用 1mm/h。

径流系数法借用《室外排水设计规范》（GB 50014—2011），根据城镇地面覆盖物情况综合取定径流系数，取设计净雨量＝径流系数×设计雨量（mm），综合径流系数 C 见表 5-9。

表 5-9 综合径流系数

区 域 情 况	C
城市建筑密集区	0.60～0.85
城市建筑较密集区	0.45～0.60
城市建筑稀疏区	0.20～0.45

4. 沟塘水面

按照《灌溉与排水工程设计规范》（GB 50288—2018），沟塘产水量计算应为设计降雨历时内暴雨量扣除水面蒸发量和沟塘滞蓄水深。

$$R_T = P_T - E_w - h$$

式中　P_T——历时为 T 的设计暴雨量，mm；

E_w——历时为 T 的水面蒸发量，mm；

h——沟塘滞蓄水深，mm。

5. 流域净雨量

对山丘区、平原区和城镇混合区，分别计算山丘、平原区和城镇的净雨量，根据各区域面积加权得流域净雨量，即

$$R = \frac{R_{山丘} F_{山丘} R_{平原} F_{平原} + R_{城区} F_{城区}}{F_{流域}}$$

对同时存在几种类型下垫面的区域，如水田、旱地、水面等，分别计算不同下垫面的净雨量，根据区域内不同下垫面的面积加权得出区域净雨量。

江苏省水文分析产流计算方法见表 5-10。

表 5-10 江苏省水文分析产流计算方法统计

水系	二级涝区	三级涝区	旱地非耕地	水田	城镇	水面
沂沭泗水系	南四湖湖西区	大沙河以西区	次降雨径流相关法	扣损法	扣损法/径流系数法	扣除水面蒸发和滞蓄水深
		大沙河以东区	次降雨径流相关法	扣损法	扣损法/径流系数法	扣除水面蒸发和滞蓄水深
	骆马湖以上中运河两岸区	运东邳苍郯新区	次降雨径流相关法	扣损法	扣损法/径流系数法	扣除水面蒸发和滞蓄水深
		运西黄墩湖区	次降雨径流相关法	扣损法	扣损法/径流系数法	扣除水面蒸发和滞蓄水深
	沂北区	沭北区	次降雨径流相关法	扣损法	扣损法/径流系数法	扣除水面蒸发和滞蓄水深
		沭南区	次降雨径流相关法	扣损法	扣损法/径流系数法	扣除水面蒸发和滞蓄水深
		沂北区	次降雨径流相关法	扣损法	扣损法/径流系数法	扣除水面蒸发和滞蓄水深

水系	二级涝区	三级涝区	旱地非耕地	水田	城镇	水面
沂沭泗水系	沂南区	淮西区	次降雨径流相关法	扣损法	扣损法/径流系数法	扣除水面蒸发和滞蓄水深
		淮东盐西区	次降雨径流相关法	扣损法	扣损法/径流系数法	扣除水面蒸发和滞蓄水深
		盐东区	次降雨径流相关法	扣损法	扣损法/径流系数法	扣除水面蒸发和滞蓄水深
淮河水系	洪泽湖周边及以上区	洪泽湖周边区	次降雨径流相关法	扣损法	扣损法/径流系数法	扣除水面蒸发和滞蓄水深
		奎濉河上片区	次降雨径流相关法	扣损法	扣损法/径流系数法	扣除水面蒸发和滞蓄水深
		奎濉河下片区	次降雨径流相关法	扣损法	扣损法/径流系数法	扣除水面蒸发和滞蓄水深
	渠北区	渠北区	次降雨径流相关法	扣损法	扣损法/径流系数法	扣除水面蒸发和滞蓄水深
	白马湖高宝湖区	白宝湖区	次降雨径流相关法	扣损法	扣损法/径流系数法	扣除水面蒸发和滞蓄水深
		高邵湖区	次降雨径流相关法	扣损法	扣损法/径流系数法	扣除水面蒸发和滞蓄水深
	里下河区	里下河腹部区	水文水动力模型			
		斗北区	次降雨径流相关法	扣损法	扣损法/径流系数法	扣除水面蒸发和滞蓄水深
		斗南区	次降雨径流相关法	扣损法	扣损法/径流系数法	扣除水面蒸发和滞蓄水深
长江水系	滁河区	滁河区	次降雨径流相关法	扣损法	扣损法/径流系数法	扣除水面蒸发和滞蓄水深
	秦淮河区	秦淮河区	次降雨径流相关法	扣损法	扣损法/径流系数法	扣除水面蒸发和滞蓄水深
	石臼湖固城湖区	石臼湖固城湖区	次降雨径流相关法	扣损法	扣损法/径流系数法	扣除水面蒸发和滞蓄水深
	通南沿江区	扬泰区	次降雨径流相关法	扣损法	扣损法/径流系数法	扣除水面蒸发和滞蓄水深
		南通区	次降雨径流相关法	扣损法	扣损法/径流系数法	扣除水面蒸发和滞蓄水深
太湖水系	太湖湖西区	运河区	水文水动力模型			
		洮滆区				
	武澄锡虞区	武澄锡区				
		澄锡虞区				
	阳澄淀泖区	阳澄区				
		淀泖区				
	浦南区	浦南区				

三、汇流分析计算方法

江苏省治涝中汇流计算的方法主要有经验排模公式法、推理公式法、瞬时单位线法、水量平衡法、平均排除法，参数主要采用江苏省水文总站 1984 年编制的《江苏省暴雨洪水图集》或江苏省水文总站 1976 年编制的《江苏省水文手册》。

1. 经验排模公式法

经验排模公式适合 100km² 以下平原坡水自排区流量计算。

$$M = KR^m A^n$$

式中　　M——设计排涝模数，m³/(s·km²)，一般为 24h 平均排涝模数；

　　　　R——设计暴雨产生的净雨量，mm；

　　　　A——设计控制的排水面积，km²；

K、m、n——经验排模公式参数。

K、m、n 根据研究范围内情况，按照《灌溉与排水工程设计规范》要求取值。

经验排模公式参数选取见表 5-11。

表 5-11　　　　　　　　　　　经验排模公式参数选取表

适用范围/km²	K	m	n
10~100	0.0256	1.00	−0.18

2. 推理公式法

推理公式法是由暴雨资料间接推求设计洪水的方法，由于它有许多概化条件，并采用三角形概化过程线，因此适用于面积小于 200km²、比降大于 0.001 的小汇水面积的洪水计算，如城市排涝河道、撇洪沟排水的流量计算。

$$Q_m = 0.278 \frac{\psi s}{\tau^{n_2}} F$$

式中　　Q_m——洪峰流量；

　　　　ψ——洪峰径流系数；

　　　　s——最大 1h 雨量即雨力，mm；

　　　　F——流域面积，km²；

　　　　τ——流域汇流时间，h；

　　　　n_2——短历时暴雨递减指数，随重现期不同而变化，见表 5-12。

表 5-12　　　　　　　　　　　短历时暴雨递减指数

重现期/年	5	10	20	50
n_2	0.72	0.70	0.69	0.68

3. 瞬时单位线法

瞬时单位线法是指极小时段内，均匀降落在流域上的净雨所产生的出口断面的流量过程线。瞬时单位线法适合山前平原区、面积大于 100km² 的平原坡水区等自排区撇洪沟和排涝河道设计排水流量计算。

（1）计算参数。瞬时单位线根据 m_1 和 m_2 两个参数转换成一般常用的各时段单位线，根据工程特点，取不同时段的单位线。

参数 m_1 反映了流域汇流特性，与流域面积、干流坡度等级、下垫面特性和净雨有关。1984 年《江苏省暴雨洪水图集》采用 $m_1 = k(F/J)^\alpha$ 形式进行计算。考虑平原区缺少比降资料，增加一种 $m_1 = kF^\alpha$ 形式。各地区 m_1 的综合公式如下

苏北山丘区：$m_1 = 2.4(F/J)^{0.28}$

苏北混合区和苏南山丘区：

当 $P > 5\%$ 时，$m_1 = 4.3(F/J)^{0.28}$

当 $P \leqslant 5\%$ 时，$m_1 = 3.2(F/J)^{0.28}$

苏南混合区：

当 $P > 5\%$ 时，$m_1 = 9.0(F/J)^{0.28}$

当 $P \leqslant 5\%$ 时，$m_1 = 7.2(F/J)^{0.28}$

苏北平原区：$m_1 = 2.94(F/J)^{0.35}$ 或 $m_1 = 2.25F^{0.38}$

各地区参数 m_1 除采用公式计算，也可通过 1984 年《江苏省暴雨洪水图集》附图二十九、附图三十查算。

参数 m_2 反映了流域汇流时间的特性，参数 m_2 比较稳定，《江苏省暴雨洪水图集》将山丘区、山丘平原混合区概化为 $1/3$，平原区概化为 $1/2$。

一般坡降 $J \geqslant 5‰$ 为山丘区，$J < 5‰$ 为平原区，$J > 5‰$ 且平原区面积 $\geqslant 50\%$ 为混合区。

（2）单位线时段。考虑便于计算，单位线时段与雨型分配时段一致：24h 设计暴雨取 2h 单位线，3 日暴雨取 6h 单位线。

1976 年《江苏省水文手册》中，单位线时段为 2h 和 6h，1984 年《江苏省暴雨洪水图集》中山丘区单位线时段为 1h、2h 和 3h，平原区单位线时段为 2h 和 6h。计算时建议采用 1984 年《江苏省暴雨洪水图集》成果。

根据瞬时单位线参数查不同时段的单位线关系表，得时段单位线。

将时段净雨换算成时段总径流量，乘以相应的时段单位线，并叠加成不同频率出口断面的设计洪水过程线。计算公式为

$$I_i = \frac{R_i F}{3.6 \Delta t}$$

式中　　I_i——总径流量，m³/s；

R_i——各时段面净雨量，mm；

F——汇流面积，km²；

Δt——时段，h。

（3）削峰。在实际应用时，平原坡水区地表允许短期积水或短期漫滩时间，对设计洪峰流量加以削峰处理，将平头流量过程作为设计流量过程使用。

设计平头流量

$$\overline{Q}_m = \alpha Q_m$$

式中　　Q_m——设计洪峰流量；

α——平头流量系数，可通过 1984 年《江苏省暴雨洪水图集》$m_1 - \Delta t - \alpha$ 相关曲线（附图三十四）查算；

Δt——允许地面短期积水的时间长度，一般旱作、山丘区按 6h；考虑作物具有一定的耐淹能力，水田区按 24h；综合区按 6～24h 分析选用；排水要求高、排水条件好的地区可适当缩短削峰时间。

削峰后退水时间与原退水时间相同。削减的峰量按退水流量的比例分摊到退水过程。

4. 水量平衡法

排水面积较小的河网地区、滨河（湖）圩区、滨江（海）潮位顶托区，有一定湖泊或洼地作为承泄区，同时受外河高水位顶托的圩区，可采用水量平衡法逐时段演算确定。

$$\sum_{t=1}^{t'} p_t A - h_1/A_s - h_2 A_2 - h'_3 A_3 - E_t A_1 - F_{st} A_s - F_{ht} A_3 \geqslant 0$$

$$V_{t+1} = \sum_{t=1}^{t'} p_t A - h_1 A_s - h_2 A_2 - h'_3 A_3 - E_t A_1 - F_{st} A_s - F_{ht} A_3 + V_0 - 3.6 t A M_{Zt'}$$

$$V_{t+1} = p_t A + V_t - E_t A_1 - F_{st} A_s - F_{ht} A_3 - 3.6 t A M_{Zt'}, t \geqslant t'1 + 1$$

$$V_t \leqslant V_{限}, V_t \geqslant V_0$$

$$M_Z = \max\{M_{Zt}, t = t', t'+1, \cdots, T\}$$

式中　M_Z——泵站向外河机排的设计排涝模数，$\mathrm{m^3/(s \cdot km^2)}$；

M_{Zt}——t 时刻泵站向外河机排的排涝模数，$\mathrm{m^3/(s \cdot km^2)}$；

p_t——t 时段暴雨量，mm；

h'_3——旱地及非耕地的初损，mm；

E_t——历时为 t 的水面蒸发量，mm；

F_{st}——t 时段水田下渗量，mm；

F_{ht}——t 时段旱田下渗量，mm；

V_t——t 时刻承泄区蓄水容积，$\mathrm{m^3}$；

V_{t+1}——$t+1$ 时刻承泄区蓄水容积，$\mathrm{m^3}$；

$V_{限}$——承泄区限制蓄水容积，$\mathrm{m^3}$；

V_0——承泄区起调蓄水容积，$\mathrm{m^3}$。

5. 平均排除法

平均排除法根据区域的降雨量、耐淹深度和控制条件，采用水量平衡的方法计算排涝模数，适合城市排涝河道、排水面积较小的河网地区、排水河道、涵闸及平原洼地、滨河（湖）圩区。

自排计算公式为

$$M = \frac{R}{86.4T}$$

抽排计算公式为

$$M = \frac{R}{3.6Tt}$$

式中　M——设计排涝模数，$\mathrm{m^3/(s \cdot km^2)}$；

R——设计净雨量，mm；

T——排涝历时，d；

t——水泵在 1 天内的运行时间，h，一般采用 22h。

汇流计算方法见表 5-13。

表 5-13　　　　　　　　江苏省水文分析汇流计算方法统计

水　系	二级涝区	三级涝区	坡　水　区	圩　区
沂沭泗水系	南四湖湖西区	大沙河以西区	瞬时单位线法	平均排除法
		大沙河以东区	瞬时单位线法	平均排除法
	骆马湖以上（中运河两岸区）	运东邳苍郯新区	经验排模公式法	平均排除法
		运西黄墩湖区	瞬时单位线法	平均排除法
	沂北区	沭北区	瞬时单位线法	平均排除法
		沭南区	瞬时单位线法	平均排除法
		沂北区	瞬时单位线法	平均排除法
	沂南区	淮西区	瞬时单位线法	平均排除法
		淮东盐西区	瞬时单位线法	平均排除法
		盐东区	瞬时单位线法	平均排除法
淮河水系	洪泽湖周边及以上区	洪泽湖周边区	瞬时单位线法	平均排除法
		奎濉河上片区	瞬时单位线法/经验排模公式法	平均排除法
		奎濉河下片区	瞬时单位线法	平均排除法
	渠北区	渠北区	瞬时单位线法	平均排除法
	白宝湖高宝湖区	白宝湖区	瞬时单位线法	平均排除法
		高邮湖区	瞬时单位线法	平均排除法
	里下河区	里下河腹部区	河网模型法	
		斗北区	瞬时单位线法	平均排除法
		斗南区	瞬时单位线法	平均排除法
长江水系	滁河区	滁河区	瞬时单位线法	平均排除法
	秦淮河区	秦淮河区	瞬时单位线法	平均排除法
	石臼湖固城湖区	石臼湖固城湖区	瞬时单位线法	平均排除法
	通南沿江区	扬泰区	瞬时单位线法	平均排除法
		南通区	瞬时单位线法	平均排除法
太湖水系	太湖湖西区	运河区	河网模型法，其中：山丘区采用瞬时单位线法，单个圩区用平均排除法	
		洮滆区		
	武澄锡虞区	武澄锡区		
		澄锡虞区		
	阳澄淀泖区	阳澄区		
		淀泖区		
	浦南区	浦南区		

第四节　省际边界河流水文水利计算

　　江苏省与山东、安徽、浙江、上海等省（直辖市）相邻，省际陆地边界线长达3383km，穿边界而过的流域性行洪河道有太湖水系的苏南运河、太浦河，长江及其支流水阳江、滁河，淮河水系的淮河、怀洪新河及淮北支流新汴河、奎濉河、老濉河等，沂沭泗水系的京杭大运河、中运河、邳苍分洪道、沂河、沭河、新沭河等。此外，还分布有大量区域防洪排涝骨干河道，主要位于沂沭泗水系的沂北、邳苍郯新、湖西地区，淮河水系的洪泽湖周边及以上地区和白宝湖、高邮湖地区。

　　在这些省际边界河流中，流域性行洪河道主要是下泄流域洪水，具备较为完善的流域设计洪水成果，设计洪水直接采用已批复的流域规划中的设计洪水成果。对于省际边界区域排涝河道设计洪水有批复成果的仍采用已批复的计算方法与成果。

　　1. 南四湖湖西地区及邳苍郯新地区排模公式法

　　1965年，上海勘察设计院根据水利电力部的有关指示精神，编制了《邳苍郯新地区排水规划》，对该地区骨干河道的排水出路、各河之间的坡水安排等，提出了治理方案，同时对苏鲁两省的边界水利问题也提出了初步处理意见。该规划是邳苍郯新地区水利建设的纲领性文件，对促进该地区水利发展起到了较大作用。1965年后，两省已按原上海勘察设计院的规划对部分河道进行治理，效果较好，但"文化大革命"期间及后期，上游陆续做了一些不符合规划要求的工程，造成了新的边界矛盾，为此，淮河水利委员会在上海勘察设计院规划的基础上，按历次边界水利协议编制了《邳苍郯新地区水利规划报告》。1997年8月27日，水利部对该报告进行了批复。批复的规划报告采用的水文计算方法为排模公式法。

　　南四湖湖西地区及邳苍郯新地区原规划均采用中央批准的《关于五省一市平原边界地区水利规划水文对口意见》（1962年）中建议的排模公式法进行汇流计算。其中，南四湖湖西地区排水模数取值采用按中央淮办于1970年2月和1972年6月上旬三省进行水文对口确定的湖西万福河以南地区2000～7000km² 水文对口成果。

　　排模公式为

$$M = KRF - 0.25$$

式中　M——设计排涝模数，m³/(s·km²)；

　　　R——设计净雨量，mm，湖西地区采用3日净雨，邳苍郯新地区采用24h净雨；

　　　F——流域面积，km²，对于100km² 以下的小面积排水模数，采用100km² 同一数值；

　　　K——综合系数，南四湖湖西地区3日平均值 K 取0.031，邳苍郯新地区24h平均值 K 取0.033，6h平均值 K 取0.041。

　　2. 奎濉河上片区排模公式法

　　奎濉河流域既属淮北平原河道，又同其他淮北支流略有不同，流域内山区、平原交错，山区洪水汇流速度快，而平原河道排水不畅。对奎濉河流域的水文计算，自1974年开始，淮委及苏皖两省都做了大量分析研究工作，并在1977年奎濉河规划座谈会上达成一致并形成"1977年纪要"，纪要中商定奎濉河水文计算基本采用安徽省制定的奎濉河水文计算办法（1975年成果），为简化计算，商定奎濉河上游（奎河柏山以上）及各支流用排模公式法计算河道设计流量，其中山丘区暂按黏土区的排涝模数加三成计算，平原区一律采用淤土区的排涝模数；老汪湖以下干流利用单位线计算径流过程，扣除老汪湖调蓄过程后确定河道设计流量。

1984年奎濉河规划座谈会期间，江苏省曾提出山丘区排涝模数按黏土区加大三成计算结果偏小，淮委于1985年针对江苏所提意见对水文成果进行了复核，并召集苏皖两省有关部门在蚌埠召开了"奎濉河流域水文成果协调会"，复核认为"1977年纪要"确定的水文计算方法和成果是合理的。

2002年的《奎濉河近期治理工程可行性研究报告》（淮委规划设计院，2002年，水利部审查，国家发展改革委批复），用1954—1998年计45年的较长系列水文资料对原奎濉河设计洪水（1975年成果）中的设计暴雨、降雨-径流关系进行了复核，同时对柏山以上奎河干流设计流量用单位线法与排模公式法进行了对比，复核成果与原成果相差5%左右。《奎濉河近期治理工程可行性研究报告》为保持规划成果的连续性和一致性，采用了原成果。

奎河柏山以上干流及各支流水文计算采用"1977年纪要"商定的排涝模数计算公式为

$$M = 0.026RF - 0.25$$

式中　　M——排涝模数，$\mathrm{m^3/(s \cdot km^2)}$，计算成果见表5-14；

R——3日暴雨相应的净雨深，mm；

F——流域面积，$\mathrm{km^2}$。

表 5-14　　　　　　　　　　　奎濉河流域排涝模数　　　　　　　　　　单位：$\mathrm{m^3/(s \cdot km^2)}$

面积/km²	20 年一遇洪水		5 年一遇洪水		3 年一遇洪水	
	黏土区	淤土区	黏土区	淤土区	黏土区	淤土区
50	2.229	2.122	1.159	1.041	0.836	0.709
100	1.875	1.744	0.974	0.876	0.703	0.596
500	1.166	1.105	0.616	0.547	0.445	0.374
1000	0.925	0.874	0.49	0.432	0.361	0.298

第五节　典型圩区排模计算

江苏省的低洼圩区分布范围广，总面积约3万$\mathrm{km^2}$，耕地面积为2200多万亩，由于地理特性和水利条件的不同，可分为河网圩区和沿江、沿河、沿湖低洼圩区，其中河网圩区历史悠久、总面积大、比较集中，而沿江、沿河、沿湖圩区分散，多呈条带状分布。

圩区排模计算采用平均排除法。平均排除法根据区域的降雨量、耐淹深度和控制条件，采用水量平衡的方法计算排涝模数。

自排计算公式为

$$M = \frac{R}{86.4T}$$

抽排计算公式为

$$M = \frac{R}{3.6Tt}$$

式中　M——设计排涝模数，$\mathrm{m^3/(s \cdot km^2)}$；

　　　R——设计净雨量，mm；

　　　T——排涝历时，d；

　　　t——水泵在1d内的运行时间，h，一般采用22h。

考虑到圩内水面和水面调蓄水深对圩区排模影响较大，分别按4%、6%、8%、10%水面率和250mm、500mm、750mm、1000mm调蓄水深进行分析计算，供规划设计分析采用。治涝标准选取24h降雨两日排除。设计暴雨采用1984年《江苏省暴雨洪水图集》最大24h雨量。选取各水系同一频率下最大和最小雨量进行分析计算，成果见表5-15。

表5-15　　　　　　　　　　　江苏省典型圩区排模分析成果

二级涝区	抽排标准	设计暴雨/mm		水面率/%	对应不同调蓄水深下的抽排模数/[$\mathrm{m^3/(s \cdot km^2)}$]			
					1000mm	750mm	500mm	250mm
南四湖湖西区	$P=20\%$	max	149	10～4	0.05～0.42	0.21～0.48	0.37～0.54	0.53～0.61
		min	134	10～4	0～0.33	0.12～0.39	0.28～0.45	0.44～0.52
	$P=10\%$	max	195	10～4	0.35～0.71	0.51～0.78	0.66～0.84	0.82～0.9
		min	172	10～4	0.2～0.57	0.36～0.63	0.52～0.69	0.68～0.75
	$P=5\%$	max	242	10～4	0.65～1.01	0.81～1.08	0.96～1.14	1.12～1.2
		min	209	10～4	0.44～0.8	0.6～0.87	0.76～0.93	0.91～0.99
骆马湖以上中运河两岸区	$P=20\%$	max	162	10～4	0.14～0.51	0.3～0.57	0.46～0.63	0.62～0.69
		min	148	10～4	0.05～0.41	0.2～0.47	0.36～0.54	0.52～0.6
	$P=10\%$	max	213	10～4	0.46～0.83	0.62～0.89	0.78～0.95	0.94～1.01
		min	189	10～4	0.31～0.68	0.47～0.74	0.63～0.8	0.79～0.86
	$P=5\%$	max	264	10～4	0.79～1.15	0.94～1.21	1.1～1.28	1.26～1.34
		min	230	10～4	0.57～0.94	0.73～0.91	0.89～1.06	1.05～1.13
沂北区	$P=20\%$	max	172	10～4	0.23～0.59	0.39～0.66	0.54～0.72	0.7～0.78
		min	161	10～4	0.13～0.5	0.29～0.56	0.45～0.62	0.64～0.69
	$P=10\%$	max	231	10～4	0.58～0.94	0.73～1	0.89～1.07	1.05～1.13
		min	206	10～4	0.42～0.79	0.58～0.85	0.74～0.91	0.9～0.97
	$P=5\%$	max	286	10～4	0.92～1.29	1.08～1.35	1.24～1.41	1.4～1.48
		min	251	10～4	0.71～1.07	0.86～1.13	1.02～1.2	1.18～1.26

续表

二级涝区	抽排标准	设计暴雨/mm		水面率/%	对应不同调蓄水深下的抽排模数/[m³/(s·km²)]			
					1000mm	750mm	500mm	250mm
沂南区	P=20%	max	172	10~4	0.23~0.59	0.39~0.66	0.54~0.72	0.7~0.78
		min	161	10~4	0.13~0.5	0.29~0.56	0.45~0.62	0.61~0.69
	P=10%	max	231	10~4	0.58~0.94	0.73~1	0.89~1.07	1.05~1.13
		min	206	10~4	0.42~0.79	0.58~0.85	0.74~0.91	0.9~0.97
	P=5%	max	286	10~4	0.92~1.29	1.08~1.35	1.24~1.41	1.4~1.48
		min	251	10~4	0.71~1.07	0.86~1.13	1.02~1.24	1.18~1.26
奎河上片区	P=20%	max	162	10~4	0.13~0.49	0.28~0.55	0.44~0.62	0.6~0.68
		min	148	10~4	0.03~0.4	0.19~0.46	0.35~0.52	0.51~0.58
	P=10%	max	213	10~4	0.44~0.8	0.6~0.86	0.75~0.93	0.91~0.99
		min	189	10~4	0.29~0.65	0.45~0.72	0.61~0.78	0.77~0.84
	P=5%	max	264	10~4	0.76~1.12	0.91~1.18	1.07~1.24	1.23~1.31
		min	230	10~4	0.55~0.91	0.71~0.97	0.86~1.04	1.02~1.1
洪泽湖周边及以上区	P=20%	max	162	10~4	0.13~0.49	0.28~0.55	0.44~0.62	0.6~0.68
		min	148	10~4	0.03~0.4	0.19~0.46	0.35~0.52	0.51~0.58
	P=10%	max	213	10~4	0.44~0.8	0.6~0.86	0.75~0.93	0.91~0.99
		min	189	10~4	0.29~0.65	0.45~0.72	0.61~0.78	0.77~0.84
	P=5%	max	264	10~4	0.76~1.12	0.91~1.18	1.07~1.24	1.23~1.31
		min	230	10~4	0.55~0.91	0.71~0.97	0.86~1.04	1.02~1.1
渠北区	P=20%	max	176	10~4	0.21~0.57	0.37~0.64	0.53~0.7	0.69~0.76
		min	161	10~4	0.12~0.48	0.27~0.54	0.43~0.61	0.59~0.67
	P=10%	max	231	10~4	0.55~0.91	0.71~0.97	0.87~1.04	1.02~1.1
		min	206	10~4	0.4~0.76	0.56~0.82	0.72~0.89	0.87~0.95
	P=5%	max	286	10~4	0.89~1.25	1.05~1.31	1.21~1.38	1.36~1.44
		min	251	10~4	0.68~1.04	0.84~1.1	0.99~1.17	1.15~1.23
白马湖高宝湖区	P=20%	max	162	10~4	0.13~0.49	0.28~0.55	0.44~0.62	0.6~0.68
		min	148	10~4	0.03~0.4	0.19~0.46	0.35~0.52	0.51~0.58
	P=10%	max	213	10~4	0.44~0.8	0.6~0.86	0.75~0.93	0.91~0.99
		min	189	10~4	0.29~0.65	0.45~0.72	0.61~0.78	0.77~0.84
	P=5%	max	264	10~4	0.76~1.12	0.91~1.18	1.07~1.24	1.23~1.31
		min	230	10~4	0.55~0.91	0.71~0.97	0.86~1.04	1.02~1.1

二级涝区	抽排标准	设计暴雨/mm		水面率/%	对应不同调蓄水深下的抽排模数/[m³/(s·km²)]			
					1000mm	750mm	500mm	250mm
里下河区	$P=20\%$	max	176	10~4	0.21~0.57	0.37~0.64	0.53~0.7	0.69~0.76
		min	161	10~4	0.12~0.48	0.27~0.54	0.43~0.61	0.59~0.67
	$P=10\%$	max	231	10~4	0.55~0.91	0.71~0.97	0.87~1.04	1.02~1.1
		min	206	10~4	0.4~0.76	0.56~0.82	0.72~0.89	0.87~0.95
	$P=5\%$	max	286	10~4	0.89~1.25	1.05~1.31	1.21~1.38	1.36~1.44
		min	251	10~4	0.68~1.04	0.84~1.1	0.99~1.17	1.15~1.23
滁河区	$P=20\%$	max	149	10~4	0.14~0.51	0.3~0.57	0.45~0.63	0.61~0.7
		min	134	10~4	0.05~0.41	0.2~0.48	0.36~0.54	0.52~0.6
	$P=10\%$	max	195	10~4	0.44~0.81	0.59~0.87	0.75~0.93	0.91~0.99
		min	172	10~4	0.29~0.66	0.45~0.72	0.6~0.78	0.76~0.85
	$P=5\%$	max	242	10~4	0.74~1.11	0.9~1.17	1.06~1.24	1.21~1.3
		min	209	10~4	0.53~0.9	0.69~0.96	0.84~1.02	1~1.09
秦淮河区	$P=20\%$	max	149	10~4	0.14~0.51	0.3~0.57	0.45~0.63	0.61~0.7
		min	134	10~4	0.05~0.41	0.2~0.48	0.36~0.54	0.52~0.6
	$P=10\%$	max	195	10~4	0.44~0.81	0.59~0.87	0.75~0.93	0.91~0.99
		min	172	10~4	0.29~0.66	0.45~0.72	0.6~0.78	0.76~0.85
	$P=5\%$	max	242	10~4	0.74~1.11	0.9~1.17	1.06~1.24	1.21~1.3
		min	209	10~4	0.53~0.9	0.69~0.96	0.84~1.02	1~1.09
石臼湖固城湖区	$P=20\%$	max	149	10~4	0.14~0.51	0.3~0.57	0.45~0.63	0.61~0.7
		min	141	10~4	0.09~0.46	0.25~0.52	0.4~0.58	0.56~0.65
	$P=10\%$	max	195	10~4	0.44~0.81	0.59~0.87	0.75~0.93	0.91~0.99
		min	181	10~4	0.34~0.71	0.5~0.78	0.66~0.84	0.82~0.9
	$P=5\%$	max	242	10~4	0.74~1.11	0.9~1.17	1.06~1.24	1.21~1.3
		min	220	10~4	0.6~0.97	0.76~1.03	0.91~1.09	1.07~1.16
通南沿江区	$P=20\%$	max	162	10~4	0.23~0.6	0.39~0.66	0.54~0.72	0.7~0.79
		min	148	10~4	0.13~0.5	0.29~0.56	0.45~0.63	0.6~0.69
	$P=10\%$	max	213	10~4	0.55~0.92	0.71~0.98	0.87~1.05	1.02~1.11
		min	189	10~4	0.4~0.77	0.56~0.83	0.71~0.89	0.87~0.96
	$P=5\%$	max	264	10~4	0.88~1.25	1.04~1.31	1.19~1.37	1.35~1.44
		min	230	10~4	0.66~1.03	0.82~1.1	0.98~1.16	1.14~1.22

二级涝区	抽排标准	设计暴雨/mm		水面率/%	对应不同调蓄水深下的抽排模数/[m³/(s·km²)]			
					1000mm	750mm	500mm	250mm
太湖湖西区	$P=20\%$	max	149	10～4	0.08～0.45	0.24～0.51	0.4～0.58	0.56～0.64
		min	141	10～4	0～0.34	0.14～0.41	0.3～0.47	0.46～0.53
	$P=10\%$	max	195	10～4	0.37～0.74	0.53～0.8	0.69～0.87	0.85～0.93
		min	181	10～4	0.29～0.65	0.44～0.71	0.6～0.78	0.76～0.84
	$P=5\%$	max	242	10～4	0.67～1.04	0.83～1.1	0.99～1.16	1.15～1.23
		min	220	10～4	0.53～0.9	0.69～0.96	0.85～1.02	1.01～1.09
武澄锡虞区	$P=20\%$	max	149	10～4	0.08～0.45	0.24～0.51	0.4～0.58	0.56～0.64
		min	134	10～4	0～0.31	0.1～0.37	0.26～0.43	0.42～0.5
	$P=10\%$	max	195	10～4	0.37～0.74	0.53～0.8	0.69～0.87	0.85～0.93
		min	172	10～4	0.23～0.59	0.39～0.66	0.55～0.72	0.7～0.78
	$P=5\%$	max	242	10～4	0.67～1.04	0.83～1.1	0.99～1.16	1.15～1.23
		min	209	10～4	0.47～0.83	0.62～0.89	0.78～0.96	0.94～1.02
阳澄淀泖区	$P=20\%$	max	149	10～4	0.08～0.45	0.24～0.51	0.4～0.58	0.56～0.64
		min	134	10～4	0～0.31	0.1～0.37	0.26～0.43	0.42～0.5
	$P=10\%$	max	195	10～4	0.37～0.74	0.53～0.8	0.69～0.87	0.85～0.93
		min	172	10～4	0.23～0.59	0.39～0.66	0.55～0.72	0.7～0.78
	$P=5\%$	max	242	10～4	0.67～1.04	0.83～1.1	0.99～1.16	1.15～1.23
		min	209	10～4	0.47～0.83	0.62～0.89	0.78～0.96	0.94～1.02
浦南区	$P=20\%$	max	135	10～4	0～0.31	0.11～0.38	0.27～0.44	0.43～0.5
		min	121	10～4	0～0.23	0.02～0.29	0.18～0.35	0.34～0.42
	$P=10\%$	max	177	10～4	0.26～0.63	0.42～0.69	0.58～0.76	0.74～0.82
		min	155	10～4	0.12～0.49	0.28～0.55	0.44～0.61	0.6～0.68
	$P=5\%$	max	220	10～4	0.53～0.9	0.69～0.96	0.85～1.02	1.01～1.09
		min	189	10～4	0.33～0.7	0.49～0.76	0.65～0.83	0.81～0.89

第六节　典型涝区水文分析案例——烧香河流域设计洪水计算

一、烧香河流域概况

1. 河流水系

烧香河是连云港市的主要排涝河道之一，干流全长 30.7km，北界云台山分水岭，西起盐河，向东流经南城、板桥、南云台两镇一乡，由烧香河新闸入海。流域内西高东低，流域上游地面高程约为 3.6m、下游地面高程约为 2.7m。主要支流有云善河、妇联河和烧香支河，烧香河干河、妇联河河道为东西走向，云善河、烧香支河为南北走向。烧香河总汇流面积为 450km²，其中山区为 49.5km²，分布在云台山以南，汇水后经妇联河入烧香河；平原为 400.5km²，汇集盐河以东、善后河以北来水。烧香河主要功能为排涝和引水，流域面积组成见表 5-16。

表 5-16 烧香河流域面积组成

分 区	集 水 面 积 /km²		
	山丘区	平原区	合计
盐河闸—妇联河口（左侧）		10.8	10.8
烧香河妇联河口（左侧）—妇联河口（右侧）		35	35
云善河		108	108
妇联河	37	23	60
东干河		108	108
烧香支河		105	105
大蒋截洪沟	12	11.2	23.2
合计	49	401	450

烧香河原于板桥镇转折向南于埒子口由烧香河闸（或称老闸）排泄入海。1972 年建烧香河北闸后，南闸只承担排泄 129km² 来水，因埒子口淤积严重，排水不畅，现在实际上也从北闸入海。云善河以下段河道已在 2010 年连云港疏港航道工程中按Ⅲ级航道要求进行了拓浚，但仍未达到 20 年一遇排涝要求。云善河以上段河道 20 多年来没有系统整治，两岸芦苇、杂草丛生，沿岸乱搭乱建、违章种植、淤积严重，实际防洪、排涝标准均不足 5 年一遇。

烧香支河北起烧香河，南经烧香河闸入埒子口，全长 22.13km，南端埒子口建有烧香河闸，因埒子口淤积严重、排水不畅，烧香河片涝水基本上从烧香河北闸入海。经过多年的淤积，现状烧香支河水面宽约 60m，河底宽约 35m，河底高程为 -1.0m 左右。

2. 水利工程

(1) 烧香河北闸。烧香河北闸位于板桥镇东、烧香河古道入海口，于 2003 年开工、2015 年 12 月竣工，共 5 孔，每孔净宽 10m、净高 5m，闸总长 160.5m，闸底高程为 -2.5m，闸顶高程为 7.5m，交通桥面高程为 7.0m，设计流量为 580m³/s。

(2) 烧香河闸。烧香河闸位于灌云县东陬山西麓，善后新闸东北 150m 处的烧香河新道入海口。由江苏省治淮指挥部按 20 年一遇潮水标准设计，于 1956 年 10 月—1957 年 6 月兴建，共 6 孔，每孔净宽为 8m、净高为 4.5m，闸总长 64m，闸底高程为 -2m，闸顶高程为 6.0m，交通桥面高程为 6.0m，桥面宽 4.0m，设计流量为 586m³/s，设计排涝面积为 278km²。

二、设计暴雨

1. 暴雨时段选取

沂北地区东临黄海，区域主要受台风雨和对流性强降雨两类型暴雨引起的洪水，降雨历时一般 3～5 天，区域设计暴雨历时相对较短。平原区坡水区降雨历时取用原则为 500km² 以上采用 3 日降雨量，500～200km² 采用 24h 及 3 日降雨量，并对两种计算结果进行比较，取与以往计算结果相似的成果，200km² 以下区域采用 24h 降雨量。结合相关规划，本节对烧香河流域设计洪水的计算采用最大 3 日暴雨进行。

2. 设计暴雨计算

烧香河排水片附近雨量站主要有临洪站、板浦站、善后新闸站及范河闸站等。根据流域内板浦、东辛农场、善后新闸站 1964—2012 年系列的暴雨资料，采用算术平均法进行面暴雨的分析计算，采用皮尔逊Ⅲ型曲线配线。最大 3 日暴雨量平均值为 137.35mm，$C_v=0.52$，$C_s/C_v=3.5$，采用最大 3 日暴雨量资料系列见表 5-17。最大 3 日设计雨量频率曲线如图 5-1 所示。

表 5-17　　　　　　　　　最大 3 日暴雨量统计

年份	x_{3f}/mm	年份	x_{3f}/mm
1964	59.375	1989	154.45
1965	107.125	1990	172.7
1966	73.875	1991	163.075
1967	49.35	1992	173.525
1968	38.525	1993	240.575
1969	76.925	1994	68.625
1970	84.025	1995	107.775
1971	77.5	1996	84.65
1972	61.4	1997	181.7
1973	90.575	1998	101.55
1974	112.325	1999	83.075
1975	190.375	2000	405.65
1976	102.85	2001	137.6
1977	67.15	2002	96.55
1978	80.4	2003	116.125
1979	116.075	2004	131.875
1980	73.5	2005	251.95
1981	62.95	2006	130.075
1982	125.95	2007	187.275
1983	207.525	2008	94.425
1984	117.7	2009	94.425
1985	166.75	2010	86.975
1986	87.55	2011	109.3
1987	129.35	2012	75.35
1988	114.25		

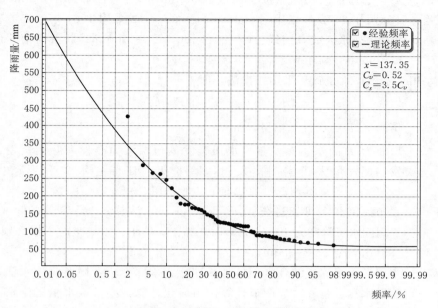

图 5-1　烧香河流域最大 3 日设计雨量频率曲线

根据频率曲线计算得设计暴雨成果，见表 5-18。

表 5-18　　　　　　　　　　　　　　设 计 暴 雨 成 果

标　准	设计暴雨/mm
5 年一遇	183.89
10 年一遇	231.69
20 年一遇	278.55

三、设计净雨

净雨计算下垫面分为旱地非耕地、水面、水田及城镇建设用地，其中平原区包括旱地非耕地、水面、水田及城镇建设用地，山丘区为旱地非耕地。根据各下垫面的特征、所占比例及不同的产流规律，对烧香河流域平原区和山丘区分别进行产流分析。

1. 设计净雨计算方法

（1）旱地。旱地最大 3 日设计净雨采用 1984 年《江苏省暴雨洪水图集》降雨径流关系公式，即

$$R = \sqrt[3]{(p + p_a - C_p)^3 + C_i^3} - C_i$$

式中：R——产水量，mm；

　　　p——3 日暴雨量，mm；

　　　p_a——土壤前期影响雨量。

$p_a = \alpha I_{max}$，I_{max} 为最大初损（按平原区取 95mm），当 3 日暴雨在 250mm 以下时，$\alpha = 0.5$；当 3 日暴雨在 250mm 以上时，$\alpha = 0.65$；C_i、C_p 采用 1984 年《江苏省暴雨洪水图集》新沂河南北平原区关系曲线：$C_i = 110mm$，$C_p = 15mm$；新沂河南北山丘区关系曲线：$C_i = 75mm$，$C_p = 20mm$。

（2）水田。水田产水量计算采用扣损法，即

$$R_T = p_T - E_T - F - h$$

式中　p_T——历时为 T 的设计暴雨量，mm；

E_T——历时为 T 的水田蒸发量，水田蒸发量包括水面蒸发和叶面蒸发、棵间蒸发，蒸发量大于实测蒸发量，1976 年《江苏省水文手册》中取 $E = 1.5E_{80}$，没有实测资料的情况下一般采用 3~5mm/d；

F——水田渗漏量，可通过公式 $F = \varepsilon T$（mm）计算，ε 是渗漏强度（mm/d），当田间水层深度为 10~40mm 时，黏土、壤土、沙壤土的 ε 值分别为 1.0~1.5mm/d、2.5~3.0mm/d、4.0~4.5mm/d；

h——水田滞蓄水深，结合水稻各生长期适宜水深上、下限及耐淹水深，对水田滞蓄水深进行逐时段调节计算。为简化计算，亦可取水稻耐淹水深与适宜水深上限差值，研究范围内一般取均值 30mm。

（3）水面。水面产水量计算为设计降雨历时内暴雨量扣除水面蒸发量和沟塘滞蓄水深，即

$$R_T = p_T - E_w - h$$

式中　p_T——历时为 T 的设计暴雨量，mm；

E_w——历时为 T 的水面蒸发量，mm；

h——沟塘滞蓄水深，mm。

（4）城镇建设用地。建设用地设计净雨采用扣损法，只扣后损，后损采用 1mm/h。

（5）流域净雨量。对山丘区、平原区和城镇混合区，分别计算山丘区、平原区和城镇的净雨量，根据各区域面积加权得流域净雨量，即

$$R = \frac{R_{山丘}F_{山丘} + R_{平原}F_{平原} + R_{城区}F_{城区}}{F_{流域}}$$

2. 下垫面组成

根据烧香河流域 2012 年下垫面成果，运用 AcrGIS 软件对烧香河流域进行下垫面分析。根据降水产流下垫面分类及特性，按照水面、建设用地、水田、旱地四类进行统计，并计算各部分所占比例，统计结果见表 5-19。

表 5-19　　　　　　　　　　　　烧香河流域地类现状

地　类	旱地	水面	水田	建设用地
面积/km²	265.5	135	27	22.5
比例/%	59	30	6	5

3. 净雨计算成果

根据上述方法，分别计算不同下垫面的产流量，根据不同下垫面的面积加权得区域产流量。烧香河流域平原区及山丘区设计净雨计算成果见表5-20～表5-22。

表5-20 烧香河流域平原区设计净雨计算成果

标 准	设计暴雨量/mm	设计净雨量/mm				
		旱地	水田	水面	建设用地	加权合计
5年一遇	183.89	115.48	144.89	152.35	224.55	131.97
10年一遇	231.69	160.40	192.69	195.64	213.69	174.87
20年一遇	278.55	205.57	239.55	238.37	165.89	215.75

表5-21 烧香河流域山丘区净雨计算成果

标 准	设计暴雨量/mm	设计净雨量/mm
5年一遇	183.89	139.49
10年一遇	231.69	186.27
20年一遇	278.55	232.54

表5-22 烧香河流域净雨计算成果

标 准	平 原		山 区		设计净雨量/mm
	设计净雨量/mm	面积/km²	设计净雨量/mm	面积/km²	
5年一遇	131.97		139.49		132.80
10年一遇	174.87	400.50	186.27	49.50	176.12
20年一遇	215.75		232.54		217.60

4. 设计净雨分配

设计净雨雨型采用1984年《江苏省暴雨洪水图集》表十"最大3日净雨雨型"中的时段雨型进行分配，烧香河流域最大3日净雨雨型分配见表5-23。

表5-23 烧香河流域最大3日净雨雨型分配

时段(Δt=6h)	净雨分配/%	净雨量/mm		
		P=20%	P=10%	P=5%
1	10	13.28	17.61	21.76
2	10	13.28	17.61	21.76
3	0	0.00	0	0
4	0	0.00	0	0
5	40	53.12	70.45	87.04
6	40	53.12	70.45	87.04

四、设计洪水

1. 设计洪水计算方法

设计洪水计算方法主要有推理公式法、瞬时单位线法、总入流调蓄法等。推理公式法一般用于汇水面积较小的丘陵山区，平原地区可采用总入流调蓄法及瞬时单位线法，总入流调蓄法不适用于丘陵山区。

烧香河流域平原区占比较大，山丘区占比较少，因此本节采用瞬时单位线法，先将山丘区分别按平原区和山丘区的汇流方法计算流量过程，并按24h削峰，计算两者流量差值 ΔQ（即山丘区与平原区峰量之差）。在计算整个区域流量时，将烧香河流域区域全部按照平原区求出设计流量，然后加上差值 ΔQ，即为混合区设计流量。

为了方便应用，将规定量级降雨（10mm单位）形成的径流过程线称为汇流单位线。单位指标有峰值、洪峰滞时、径流总历时、降雨时段。单位线时段取决于降雨资料时段，根据实际观测精度一般有6h、12h、24h。应用单位线预报洪水时将实际降雨按与10mm净雨的倍比来计算径流过程。

2. 设计洪水成果

（1）平原区汇流计算方法。平原区洪水采用瞬时单位线法计算。根据1984年《江苏省暴雨洪水图集》苏北平原区参数 m_1 计算公式 $m_1 = 2.25F^{0.38}$，取 $m_2 = 1/2$，查平原区瞬时单位线与6h单位线关系表，得出6h瞬时单位线。将时段净雨量换算成时段总径流量 $I_i = \dfrac{RF}{3.6\Delta t}$，乘以相应6h时段单位线，并叠加成天然状态下流域的设计洪水过程线。

（2）山丘区汇流计算方法。由《江苏省暴雨洪水图集》（1984），按苏北山丘区确定参数 m_1，计算公式如下：

$$m_1 = 2.4(F/J)^{0.28}$$

式中　F——流域面积；

　　　J——沿程 L 的平均比降。

山丘区降雨采用24h暴雨，取 $m_2 = 1/3$，查山丘区瞬时单位线与2h单位线关系表，得出3h瞬时单位线。将时段净雨量换算成时段总径流量 $I_i = \dfrac{RF}{3.6\Delta t}$，乘以相应3h时段单位线。用面净雨过程卷积得山丘区设计洪峰及设计流量过程线。

烧香河流域全部按照平原区汇流方法计算流量过程，山丘区分别按平原区和山丘区的汇流方法计算流量过程，见表5-24～表5-29。

（3）消峰计算。考虑烧香河流域滞蓄洪峰作用，对设计洪峰流量做削峰处理，平头时间取24h。根据 m_1 值，查1984年《江苏省暴雨洪水图集》图三十四的平原区削峰系数 α，取 $\alpha = 0.72$ 进行削峰，得到设计流量。消峰计算结果见表5-30。

根据产流计算方法，求得烧香河流域设计流量，计算结果见表5-31。

表 5 - 24　　　　　瞬时单位线计算（平原区 $P=20\%$）

时段 ($\Delta t=6\text{h}$)	时段单位线 q_i ($m_2=1/2$)			时段径流过程										设计洪水过程线 Q_i
	21.00	22.00	21.94	0.00	0.00	0.00	0.00	276.66	276.66	0.00	0.00	903.45	903.45	
0.00	0.00	0.00	0.00	0.00	0.00	0.00	0.00			0.00	0.00			0.00
1.00	0.01	0.11	0.10	0.00	0.00	0.00	0.00			0.00	0.00			0.00
2.00	0.15	0.15	0.15	0.00	0.00	0.00	0.00			0.00	0.00			0.00
3.00	0.21	0.20	0.20	0.00	0.00	0.00	0.00	0.00		0.00	0.00			0.00
4.00	0.19	0.18	0.18	0.00	0.00	0.00	0.00	27.38	0.00	0.00	0.00			27.38
5.00	0.14	0.14	0.14	0.00	0.00	0.00	0.00	41.79	27.38	0.00	0.00			69.17
6.00	0.10	0.10	0.10	0.00	0.00	0.00	0.00	54.93	41.79	0.00	0.00			96.73
7.00	0.07	0.07	0.07	0.00	0.00	0.00	0.00	49.64	54.93	0.00	0.00	0.00		104.58
8.00	0.05	0.05	0.05	0.00	0.00	0.00	0.00	39.06	49.64	0.00	0.00	109.50	0.00	198.21
9.00	0.03	0.03	0.03	0.00	0.00	0.00	0.00	28.50	39.06	0.00	0.00	167.17	109.50	344.23
10.00	0.02	0.02	0.02	0.00	0.00	0.00	0.00	19.90	28.50	0.00	0.00	219.74	167.17	435.31
11.00	0.01	0.01	0.01	0.00	0.00	0.00	0.00	13.52	19.90	0.00	0.00	198.57	219.74	451.74
12.00	0.01	0.01	0.01	0.00	0.00	0.00	0.00	9.08	13.52	0.00	0.00	156.24	198.57	377.42
13.00	0.01	0.01	0.01	0.00	0.00	0.00	0.00	5.84	9.08	0.00	0.00	113.98	156.24	285.15
14.00	0.00			0.00	0.00	0.00	0.00	3.84	5.84	0.00	0.00	79.61	113.98	203.27
15.00				0.00	0.00	0.00	0.00	2.47	3.84	0.00	0.00	54.09	79.61	140.00
16.00				0.00	0.00	0.00	0.00	1.64	2.47	0.00	0.00	36.31	54.09	94.51
17.00				0.00	0.00	0.00	0.00	1.09	1.64	0.00	0.00	23.38	36.31	62.42
18.00				0.00	0.00	0.00	0.00	0.55	1.09	0.00	0.00	15.35	23.38	40.37
19.00				0.00	0.00	0.00	0.00	0.28	0.55	0.00	0.00	9.89	15.35	26.07
20.00				0.00	0.00	0.00	0.00	0.28	0.28	0.00	0.00	6.57	9.89	17.01
21.00				0.00	0.00	0.00	0.00	0.26	0.28	0.00	0.00	4.36	6.57	11.46
22.00				0.00	0.00	0.00	0.00	0.00	0.26	0.00	0.00	2.21	4.36	6.83

表 5-25

瞬时单位线计算（平原区 $P=10\%$）

时段 (Δt=6h)	时段单位线 q_i ($m_2=1/2$)			时段径流过程									设计洪水过程线 Q_i
	21.00	22.00	21.94	0.00	0.00	0.00	366.92	366.92	0.00	0.00	1467.66	1467.66	
0.00	0.00	0.00	0.00	0.00	0.00	0.00			0.00	0.00			0.00
1.00	0.01	0.11	0.10	0.00	0.00	0.00			0.00	0.00			0.00
2.00	0.15	0.15	0.15	0.00	0.00	0.00			0.00	0.00			0.00
3.00	0.21	0.20	0.20	0.00	0.00	0.00	0.00		0.00	0.00			0.00
4.00	0.19	0.18	0.18	0.00	0.00	0.00	36.31	0.00	0.00	0.00			36.31
5.00	0.14	0.14	0.14	0.00	0.00	0.00	55.43	36.31	0.00	0.00			91.73
6.00	0.10	0.10	0.10	0.00	0.00	0.00	72.86	55.43	0.00	0.00			128.28
7.00	0.07	0.07	0.07	0.00	0.00	0.00	65.84	72.86	0.00	0.00	0.00		138.70
8.00	0.05	0.05	0.05	0.00	0.00	0.00	51.80	65.84	0.00	0.00	145.23	0.00	262.87
9.00	0.03	0.03	0.03	0.00	0.00	0.00	37.79	51.80	0.00	0.00	221.71	145.23	456.53
10.00	0.02	0.02	0.02	0.00	0.00	0.00	26.39	37.79	0.00	0.00	291.43	221.71	577.33
11.00	0.01	0.01	0.01	0.00	0.00	0.00	17.93	26.39	0.00	0.00	263.36	291.43	599.12
12.00	0.01	0.01	0.01	0.00	0.00	0.00	12.04	17.93	0.00	0.00	207.22	263.36	500.55
13.00	0.01	0.01	0.01	0.00	0.00	0.00	7.75	12.04	0.00	0.00	151.17	207.22	378.18
14.00	0.00	0.00	0.00	0.00	0.00	0.00	5.09	7.75	0.00	0.00	105.58	151.17	269.59
15.00	0.00	0.00	0.00	0.00	0.00	0.00	3.28	5.09	0.00	0.00	71.73	105.58	185.68
16.00	0.00	0.00	0.00	0.00	0.00	0.00	2.18	3.28	0.00	0.00	48.16	71.73	125.34
17.00	0.00	0.00	0.00	0.00	0.00	0.00	1.44	2.18	0.00	0.00	31.01	48.16	82.78
18.00	0.00	0.00	0.00	0.00	0.00	0.00	0.73	1.44	0.00	0.00	20.36	31.01	53.55
19.00		0.00	0.00	0.00	0.00	0.00	0.37	0.73	0.00	0.00	13.12	20.36	34.58
20.00				0.00	0.00	0.00	0.37	0.37	0.00	0.00	8.71	13.12	22.56
21.00				0.00	0.00	0.00	0.34	0.37	0.00	0.00	5.78	8.71	15.20
22.00				0.00	0.00	0.00	0.00	0.34	0.00	0.00	2.94	5.78	9.06

表 5 - 26　瞬时单位线计算（平原区 $P=5\%$）

时段 ($\Delta t=6h$)	时段单位线 q_i ($m_2=1/2$)					时 段 径 流 过 程						设计洪水过程线 Q_i
	21.00	22.00	21.94	0.00	0.00	0.00	453.32	453.32	0.00	1813.29	1813.29	
0.00	0.00	0.00	0.00	0.00	0.00	0.00			0.00			0.00
1.00	0.01	0.11	0.10	0.00	0.00	0.00			0.00			0.00
2.00	0.15	0.15	0.15	0.00	0.00	0.00			0.00			0.00
3.00	0.21	0.20	0.20	0.00	0.00	0.00	0.00		0.00			0.00
4.00	0.19	0.18	0.18	0.00	0.00	0.00	44.86	0.00	0.00			44.86
5.00	0.14	0.14	0.14	0.00	0.00	0.00	68.48	44.86	0.00			113.34
6.00	0.10	0.10	0.10	0.00	0.00	0.00	90.02	68.48	0.00			158.50
7.00	0.07	0.07	0.07	0.00	0.00	0.00	81.34	90.02	0.00	0.00		171.36
8.00	0.05	0.05	0.05	0.00	0.00	0.00	64.00	81.34	0.00	179.43	0.00	324.78
9.00	0.03	0.03	0.03	0.00	0.00	0.00	46.69	64.00	0.00	273.92	179.43	564.05
10.00	0.02	0.02	0.02	0.00	0.00	0.00	32.61	46.69	0.00	360.06	273.92	713.29
11.00	0.01	0.01	0.01	0.00	0.00	0.00	22.16	32.61	0.00	325.38	360.06	740.21
12.00	0.01	0.01	0.01	0.00	0.00	0.00	14.87	22.16	0.00	256.02	325.38	618.43
13.00	0.01	0.01	0.01	0.00	0.00	0.00	9.58	14.87	0.00	186.77	256.02	467.24
14.00	0.00	0.00	0.00	0.00	0.00	0.00	6.29	9.58	0.00	130.44	186.77	333.08
15.00	0.00	0.00	0.00	0.00	0.00	0.00	4.05	6.29	0.00	88.62	130.44	229.41
16.00	0.00	0.00	0.00	0.00	0.00	0.00	2.69	4.05	0.00	59.50	88.62	154.86
17.00	0.00	0.00	0.00	0.00	0.00	0.00	1.78	2.69	0.00	38.31	59.50	102.28
18.00	0.00	0.00	0.00	0.00	0.00	0.00	0.91	1.78	0.00	25.16	38.31	66.16
19.00	0.00	0.00	0.00	0.00	0.00	0.00	0.45	0.91	0.00	16.21	25.16	42.72
20.00						0.00	0.45	0.45	0.00	10.77	16.21	27.88
21.00						0.00	0.42	0.45	0.00	7.14	10.77	18.78
22.00						0.00	0.00	0.42	0.00	3.63	7.14	11.19

表 5－27

瞬时单位线计算（山丘区 *P*＝20%）

时段 (Δt=3h)	时段单位线 q_i (m_2=1/3)			时段径流过程											设计洪水过程线 Q_i
	9.50	10.00	9.91	31.97	31.97	31.97	0.00	0.00	0.00	0.00	127.87	127.87	127.87	127.87	
0.00	0.00	0.00	0.00				0.00	0.00	0.00	0.00					0.00
1.00	0.03	0.02	0.02	0.00			0.00	0.00	0.00	0.00					0.00
2.00	0.19	0.17	0.17	0.75	0.00		0.00	0.00	0.00	0.00					0.75
3.00	0.25	0.24	0.24	5.47	0.75	0.00	0.00	0.00	0.00	0.00					6.22
4.00	0.21	0.21	0.21	7.71	5.47	0.75	0.00	0.00	0.00	0.00					13.93
5.00	0.14	0.15	0.15	6.72	7.71	5.47	0.00	0.00	0.00	0.00					19.90
6.00	0.09	0.09	0.09	4.73	6.72	7.71	0.00	0.00	0.00	0.00					19.16
7.00	0.05	0.06	0.05	2.96	4.73	6.72	0.00	0.00	0.00	0.00					14.41
8.00	0.03	0.03	0.03	1.72	2.96	4.73	0.00	0.00	0.00	0.00	0.00				9.41
9.00	0.01	0.02	0.02	0.93	1.72	2.96	0.00	0.00	0.00	0.00	3.01	0.00			8.62
10.00	0.01	0.01	0.01	0.49	0.93	1.72	0.00	0.00	0.00	0.00	21.87	3.01	0.00		28.02
11.00	0.00	0.00	0.00	0.27	0.49	0.93	0.00	0.00	0.00	0.00	30.86	21.87	3.01	0.00	57.42
12.00	0.00	0.00	0.00	0.12	0.27	0.49	0.00	0.00	0.00	0.00	26.87	30.86	21.87	3.01	83.49
13.00	0.00	0.00	0.00	0.06	0.12	0.27	0.00	0.00	0.00	0.00	18.92	26.87	30.86	21.87	98.96
14.00	0.00	0.00	0.00	0.03	0.06	0.12	0.00	0.00	0.00	0.00	11.84	18.92	26.87	30.86	88.70
15.00				0.00	0.03	0.06	0.00	0.00	0.00	0.00	6.87	11.84	18.92	26.87	64.59
16.00					0.00	0.03	0.00	0.00	0.00	0.00	3.72	6.87	11.84	18.92	41.38
17.00						0.00	0.00	0.00	0.00	0.00	1.98	3.72	6.87	11.84	24.41
18.00							0.00	0.00	0.00	0.00	1.07	1.98	3.72	6.87	13.64
19.00							0.00	0.00	0.00	0.00	0.49	1.07	1.98	3.72	7.26
20.00							0.00	0.00	0.00	0.00	0.23	0.49	1.07	1.98	3.77
21.00							0.00	0.00	0.00	0.00	0.13	0.23	0.49	1.07	1.92
22.00							0.00	0.00	0.00	0.00	0.00	0.13	0.23	0.49	0.85

表 5－28　瞬时单位线计算（山丘区 $P=10\%$）

时段 (Δt=3h)	时段单位线 q_i ($m_2=1/3$)			时段径流过程												时段径流过程线 Q_i
	9.50	10.00	9.91	42.69	42.69	42.69	42.69	0.00	0.00	0.00	0.00	170.74	170.74	170.74	170.74	过程线 Q_i
0.00	0.00	0.00	0.00	0.00				0.00	0.00	0.00	0.00					0.00
1.00	0.03	0.02	0.02	1.00	0.00			0.00	0.00	0.00	0.00					1.00
2.00	0.19	0.17	0.17	7.30	1.00	0.00		0.00	0.00	0.00	0.00					8.30
3.00	0.25	0.24	0.24	10.30	7.30	1.00	0.00	0.00	0.00	0.00	0.00					18.60
4.00	0.21	0.21	0.21	8.97	10.30	7.30	1.00	0.00	0.00	0.00	0.00					27.58
5.00	0.14	0.15	0.15	6.31	8.97	10.30	7.30	0.00	0.00	0.00	0.00					32.89
6.00	0.09	0.09	0.09	3.95	6.31	8.97	10.30	0.00	0.00	0.00	0.00					29.54
7.00	0.05	0.06	0.05	2.29	3.95	6.31	8.97	0.00	0.00	0.00	0.00					21.53
8.00	0.03	0.03	0.03	1.24	2.29	3.95	6.31	0.00	0.00	0.00	0.00	0.00				13.80
9.00	0.01	0.02	0.02	0.66	1.24	2.29	3.95	0.00	0.00	0.00	0.00	4.02	0.00			12.17
10.00	0.01	0.01	0.01	0.36	0.66	1.24	2.29	0.00	0.00	0.00	0.00	29.20	4.02	0.00		37.77
11.00	0.00	0.00	0.00	0.16	0.36	0.66	1.24	0.00	0.00	0.00	0.00	41.20	29.20	4.02	0.00	76.84
12.00	0.00	0.00	0.00	0.08	0.16	0.36	0.66	0.00	0.00	0.00	0.00	35.89	41.20	29.20	4.02	111.56
13.00	0.00	0.00	0.00	0.04	0.08	0.16	0.36	0.00	0.00	0.00	0.00	25.26	35.89	41.20	29.20	132.19
14.00	0.00	0.00	0.00	0.00	0.04	0.08	0.16	0.00	0.00	0.00	0.00	15.81	25.26	35.89	41.20	118.44
15.00	0.00	0.00	0.00		0.00	0.04	0.08	0.00	0.00	0.00	0.00	9.18	15.81	25.26	35.89	86.25
16.00	0.00	0.00	0.00			0.00	0.04	0.00	0.00	0.00	0.00	4.97	9.18	15.81	25.26	55.26
17.00	0.00	0.00	0.00				0.00	0.00	0.00	0.00	0.00	2.64	4.97	9.18	15.81	32.60
18.00	0.00	0.00	0.00					0.00	0.00	0.00	0.00	1.43	2.64	4.97	9.18	18.22
19.00	0.00	0.00	0.00					0.00	0.00	0.00	0.00	0.65	1.43	2.64	4.97	9.69
20.00	0.00	0.00	0.00					0.00	0.00	0.00	0.00	0.31	0.65	1.43	2.64	5.03
21.00	0.00	0.00	0.00					0.00	0.00	0.00	0.00	0.17	0.31	0.65	1.43	2.56
22.00	0.00	0.00	0.00					0.00	0.00	0.00	0.00	0.00	0.17	0.31	0.65	1.13

表 5-29

瞬时单位线计算（山丘区 $P=5\%$）

时段 (Δt=3h)	时段单位线 q_i ($m_2=1/3$)			时段径流过程												时段径流过程线 Q_i
	9.50	10.00	9.91	53.29	53.29	53.29	53.29	0.00	0.00	0.00	0.00	213.17	213.17	213.17	213.17	
0.00	0.00	0.00	0.00	0.00												0.00
1.00	0.03	0.02	0.02	1.25	0.00											1.25
2.00	0.19	0.17	0.17	9.11	1.25	0.00										10.37
3.00	0.25	0.24	0.24	12.86	9.11	1.25	0.00									23.23
4.00	0.21	0.21	0.21	11.20	12.86	9.11	1.25	0.00								34.43
5.00	0.14	0.15	0.15	7.88	11.20	12.86	9.11	0.00	0.00							41.06
6.00	0.09	0.09	0.09	4.93	7.88	11.20	12.86	0.00	0.00	0.00						36.88
7.00	0.05	0.06	0.05	2.86	4.93	7.88	11.20	0.00	0.00	0.00	0.00					26.88
8.00	0.03	0.03	0.03	1.55	2.86	4.93	7.88	0.00	0.00	0.00	0.00	0.00				17.23
9.00	0.01	0.02	0.02	0.82	1.55	2.86	4.93	0.00	0.00	0.00	0.00	5.02	0.00			15.19
10.00	0.01	0.01	0.01	0.45	0.82	1.55	2.86	0.00	0.00	0.00	0.00	36.45	5.02	0.00		47.16
11.00	0.00	0.00	0.00	0.20	0.45	0.82	1.55	0.00	0.00	0.00	0.00	51.44	36.45	5.02	0.00	95.93
12.00	0.00	0.00	0.00	0.10	0.20	0.45	0.82	0.00	0.00	0.00	0.00	44.80	51.44	36.45	5.02	139.28
13.00	0.00	0.00	0.00	0.05	0.10	0.20	0.45	0.00	0.00	0.00	0.00	31.53	44.80	51.44	36.45	165.03
14.00				0.00	0.05	0.10	0.20	0.00	0.00	0.00	0.00	19.74	31.53	44.80	51.44	147.86
15.00					0.00	0.05	0.10	0.00	0.00	0.00	0.00	11.46	19.74	31.53	44.80	107.68
16.00						0.00	0.05	0.00	0.00	0.00	0.00	6.21	11.46	19.74	31.53	68.99
17.00							0.00	0.00	0.00	0.00	0.00	3.30	6.21	11.46	19.74	40.70
18.00								0.00	0.00	0.00	0.00	1.78	3.30	6.21	11.46	22.74
19.00									0.00	0.00	0.00	0.81	1.78	3.30	6.21	12.10
20.00										0.00	0.00	0.39	0.81	1.78	3.30	6.28
21.00											0.00	0.21	0.39	0.81	1.78	3.20
22.00												0.00	0.21	0.39	0.81	1.42

表 5-30		消 峰 计 算 结 果		单位：m³/s
设计标准	平原区	山 丘 区		差值 ΔQ
		按平原区方法计算	按山丘区方法计算	
5 年一遇	325.702	71.351	82.644	11.293
10 年一遇	431.963	95.307	110.359	15.052
20 年一遇	533.689	118.986	137.777	18.791

表 5-31	烧香河流域设计流量
设计标准	设计流量/(m³/s)
5 年一遇	336.995
10 年一遇	447.015
20 年一遇	552.480

第六章

主要承泄区水位分析方法

　　江苏省内涝区承泄区大多为流域性河道、湖泊,沿江、沿海涝区受潮位顶托影响。

　　江苏省沿海潮汐类型主要是正规半日潮,浅海分潮显著。北部沿海除无潮点附近为不正规日潮外,其余多属不正规半日潮,小部分区域是正规半日潮。南部海区受东海传来的前进波影响,为正规半日潮。

　　长江下游河段潮汐为非正规半日浅海潮,每日两涨两落,且有日潮不等现象,在径流与河床边界条件阻滞下,潮波变形明显,涨落潮历时不对称,涨潮历时短,落潮历时长,潮差沿程递减,落潮历时沿程递增,涨潮历时沿程递减。

第一节　验　潮　站　情　况

　　江苏省水文局在 1976 年《江苏省水文统计》中对沿海、沿江的排涝潮型进行了统计分析。沿海选择站点燕尾港、新洋港闸(闸下)、王港新闸(闸下),沿江选择站点南京、镇江、江阴、天生港等站作为排涝潮型分析。后来江苏省水文局研究沿海增加了连云港、滨海闸(闸下)、六垛南闸、射阳河闸(闸下)、斗龙港闸(闸下)、小洋口闸(闸下)等站,沿江增加了瓜洲闸(闸下)、三江营、青龙港、三条港等站,所选验潮站情况见表 6-1。

表 6-1　　　　　　　　　江苏沿海、沿江验潮站基本情况

站　　名	河名	断 面 地 点	设站年份	选取验潮站的资料年份
连云港	黄海	江苏省连云港市连云港镇	1958	1958—1959,1961,1972—1988,1990—2012
燕尾港	灌河	江苏省灌云县燕尾港镇港务局码头	1929	1951—2012
滨海闸(闸下)	废黄河	江苏省响水县中山河闸	1960	1960—2006
六垛南闸(闸下)	灌溉总渠	江苏省滨海县六垛南闸	1953	1953—1967,1969—2012
射阳河闸(闸下)	射阳河	江苏省射阳县海通镇射阳河闸	1956	1956—2012
新洋港闸(闸下)	新洋港	江苏省盐城市亭湖区黄尖镇新洋港闸	1957	1957—2012
斗龙港闸(闸下)	斗龙港	江苏省大丰市三龙镇斗龙港闸	1968	1968—2012

站　名	河名	断面地点	设站年份	选取验潮站的资料年份
王港新闸（闸下）	王港	江苏省大丰市裕华镇王港新闸	1959	1951—1992,1994—2012
小洋口闸（闸下）	栟茶运河	江苏省如东县洋口镇小洋口闸	1955	1954—1957,1962—1991,1993—2002,2004—2009
南京	长江	江苏省南京市鼓楼区唐山路	1912	1950—2012
瓜洲闸（闸下）	里运河	江苏省扬州市瓜洲镇瓜洲闸	1971	1971—1992,1994—2012
镇江	长江	江苏省镇江市镇扬汽渡	1904	1950—2012
三江营	夹江	江苏省扬州市江都区大桥镇三江营村	1915	1954—2012
江阴	长江	江苏省江阴市澄江镇肖山村	1915	1950—2012
天生港	长江	江苏省南通市天生港	1918	1951,1953—2012
青龙港	长江	江苏省海门市三厂镇青龙港	1950	1953—2012
三条港	长江	江苏省启东市寅阳镇裕丰村	1958	1958—1964,1969—1998

从资料的可靠性、代表性、一致性考虑，选取资料系列较长、沿海沿江分布均衡且能满足各片区排涝分析需求的 17 个验潮站来分析排涝潮型。沿海潮位统一到废黄河口基面；沿江潮位除瓜洲闸（闸下）为废黄河口基面，其他站点统一到吴淞基面。

第二节　潮位分析方法

江苏省沿海地势较其相应涝区地势高，排涝控制在最高潮位（即高高潮），而沿江地面地势较其相应涝区地势低，排涝控制在最高的低潮位（即高低潮）。根据江苏地区降雨特性、下垫面特征和农作物排涝需求，在每年 5—9 月排水量较多，排涝天数根据 1 日降雨 2 天排出和 3 日降雨雨后 1 天排完这两种情况，确定为 4 天。采用汛期连续四天平均高高（低）潮位进行频率计算。

1. 样本系列

从沿海、沿江各代表站每年 5—9 月的实测潮位资料中，分别摘取连续四天的四个高高（低）潮潮位，应用下式进行滑动统计

$$Z = \frac{1}{4}\left[Z_g(i+1) + Z_g(i+2) + Z_g(i+3) + Z_g(i+4)\right] \quad i=0,1,2,\cdots,n \quad (6-1)$$

式中　Z——连续四天平均潮位；

Z_g——潮位。

分别求出各代表站连续四天的高高（低）潮位的平均值，并从中挑选出每年的最大值，将这些年份的最大值分别组成各代表站的样本系列数据进行频率分析。

2. 频率分析

依据上述统计分析的各样本系列数据，计算出经验频率，然后根据皮尔逊Ⅲ型概率密

度算法，用水文统计学中常用的矩法分别计算出各样本系列数据在皮尔逊Ⅲ型分布曲线中的三个分布特征参数：$\overline{Z}$、C_v、C_s 值作为初选值选，参数计算公式应用"无偏估计值"公式，尽量使样本系列计算出来的统计参数与总体更接近。均值、变差系数、偏差系数计算公式分别为

$$\overline{Z} = \frac{1}{n}\sum_{i=1}^{n} Z_i \tag{6-2}$$

$$C_v = \sqrt{\frac{\sum_{i=1}^{n}\left[(Z_i/\overline{Z})-1\right]^2}{n-1}} \tag{6-3}$$

$$C_s = \frac{\sum_{i=1}^{n}\left[(Z_i/\overline{Z})-1\right]^2}{(n-3)C_v^3} \tag{6-4}$$

式中　Z_i——连续四天平均高高（低）潮潮位的年最大值；

　　　$\overline{Z}$——多年平均值；

　　　n——样本容量；

　　　C_v——样本变差系数；

　　　C_s——样本偏差系数。

在适线过程中通过调整 C_v 值和 C_s/C_v 值，尽量使曲线通过点群中心，并根据频率曲线与经验点据的配合情况，使设计频率曲线与经验点据配合较好，最终确定一条配合最佳的曲线作为最终结果。在分析计算出的潮水位频率设计成果表中，选取正常的高高（低）潮位［设计频率 $P=50\%$ 时的高高（低）潮位］，作为各代表站的排涝设计潮位，分析成果见表 6-2 和表 6-3。

表 6-2　　　　　　　　　　　沿海各代表站潮水位频率设计成果
（废黄河口基面）

站　　名	均值	系列长	C_v	C_s/C_v	$H_{50\%}/m$
连云港	3.03	43	0.062	8	3.02
燕尾港	3.09	62	0.075	6	3.07
滨海闸（闸下）	2.86	47	0.09	10	2.82
六垛南闸（闸下）	2.44	59	0.17	8	2.35
射阳河闸（闸下）	2.49	57	0.085	5.5	2.48
新洋港闸（闸下）	2.5	56	0.09	8	2.47
斗龙港闸（闸下）	2.88	45	0.095	7	2.85
王港新闸（闸下）	3.49	61	0.09	6	3.46
小洋口闸（闸下）	4.98	50	0.065	11	4.95

表6-3　　　　　　　　沿江各代表站潮水位频率设计成果

（吴淞基面）

站　　名	均值	系列长	C_v	C_s/C_v	$H_{50\%}$/m
南京	8.03	62	0.107	6	7.94
瓜洲闸（闸下）	4.63	41	0.150	2	4.6（废黄河口基面）
镇江	6.24	63	0.107	6	6.17
三江营	5.35	59	0.105	6	5.29
江阴	3.55	63	0.080	6	3.53
天生港	2.94	60	0.072	9	2.91
青龙港	2.13	60	0.085	4	2.12
三条港	1.94	37	0.110	4	1.93

第三节　排涝设计潮型的确定

选取近期10次左右高高（低）潮位接近于$P=50\%$设计潮位的全潮过程线，将选取的各参照潮型的历时长度统一调整到24h50min的时间坐标上，即将各潮在其历时对应潮位过程，按一个太阳日的时间坐标进行压缩或拉伸。再取各参照潮型的涨潮、落潮平均历时，分别作为概化潮型的涨潮、落潮历时，然后求出各时间点的平均潮位值，这样就完成了排涝潮型的概化过程，从而得到所求的设计排涝潮型过程。

各代表站（设计频率$P=50\%$）排涝潮型过程数据成果见表6-4和表6-5，与其分别对应的设计（相应）高高潮位、相应（设计）高低潮位、相应低高潮位及其出现时间见表6-6和表6-7。其中燕尾港、天生港设计排涝潮型如图6-1和图6-2所示。

表6-4　　　　　　沿海代表站（设计频率$P=50\%$）排涝潮型过程数据

时间	潮　水　位/m								
	连云港	燕尾港	新洋港闸（闸下）	王港新闸（闸下）	六垛南闸（闸下）	滨海闸（闸下）	射阳河闸（闸下）	斗龙港闸（闸下）	小洋口闸（闸下）
0:00	-2.17	-1.45	-1.2	0.15	-0.36	0.61	-0.93	0.56	0.16
1:00	-1.90	-0.93	0.31	2.19	0.82	2.00	0.25	1.89	1.56
2:00	-0.97	0.26	1.74	2.84	1.82	2.67	1.70	2.39	3.39
3:00	0.50	1.73	2.16	3.20	2.18	2.70	2.23	2.79	4.75
4:00	1.93	2.77	2.43	3.40	2.21	2.07	2.41	2.70	4.56
5:00	2.89	3.02	2.35	2.85	1.80	1.50	2.22	2.46	3.58
6:00	2.97	2.60	1.94	2.22	1.35	1.14	1.86	2.19	2.47
7:00	2.51	1.92	1.77	1.60	0.93	0.90	1.36	1.60	1.68
8:00	1.80	1.12	1.16	0.90	0.60	0.77	0.87	1.08	1.04
9:00	0.83	0.30	0.33	0.58	0.44	0.70	0.31	0.80	0.49
10:00	-0.17	-0.35	-0.17	0.48	0.10	0.66	-0.17	0.65	0.23

续表

时间	潮水位/m								
	连云港	燕尾港	新洋港闸（闸下）	王港新闸（闸下）	六垛南闸（闸下）	滨海闸（闸下）	射阳河闸（闸下）	斗龙港闸（闸下）	小洋口闸（闸下）
11:00	−0.97	−0.76	−0.58	0.51	−0.12	0.65	−0.49	0.54	0.45
12:00	−1.40	−0.95	−0.81	0.59	−0.02	0.87	−0.62	0.49	0.67
13:00	−1.39	−0.60	−0.17	1.01	0.88	1.61	0.12	0.69	1.21
14:00	−0.80	0.35	1.14	2.14	1.65	2.36	1.49	1.77	2.50
15:00	0.43	1.61	1.66	2.59	1.94	2.11	1.72	2.24	4.16
16:00	1.77	2.45	1.86	2.80	1.89	1.62	1.88	2.20	4.70
17:00	2.63	2.76	1.7	2.59	1.52	1.17	1.62	1.96	3.70
18:00	2.68	2.31	1.26	2.15	1.08	0.90	1.02	1.60	2.63
19:00	2.15	1.53	0.97	1.64	0.64	0.74	0.61	1.25	1.60
20:00	1.34	0.72	0.73	1.11	0.30	0.68	0.27	0.94	0.85
21:00	0.37	−0.04	0.12	0.71	0.13	0.65	−0.06	0.78	0.42
22:00	−0.63	−0.68	−0.43	0.52	−0.02	0.65	−0.36	0.67	0.30
23:00	−1.48	−1.14	−0.82	0.37	−0.19	0.64	−0.58	0.56	0.29
24:00	−2.02	−1.40	−1.11	0.22	−0.28	0.64	−0.79	0.49	0.22
24:50	−2.21	−1.51	−1.22	0.08	−0.31	0.64	−0.97	0.42	0.16

表 6-5　　　　沿江代表站（设计频率 $P=50\%$）排涝潮型过程数据

时间	潮水位/m							
	南京	镇江	三江营	江阴	天生港	青龙港	三条港	瓜洲闸（闸下）
0:00	7.85	6.09	5.23	3.52	2.76	1.94	1.54	4.55
1:00	7.97	6.39	5.52	3.78	3.00	2.17	1.73	4.80
2:00	8.15	6.77	5.91	4.40	3.70	2.84	2.20	5.17
3:00	8.25	6.93	6.13	4.89	4.27	3.45	2.80	5.36
4:00	8.29	6.92	6.25	5.02	4.51	3.72	3.33	5.40
5:00	8.28	6.83	6.20	4.88	4.42	3.68	3.70	5.32
6:00	8.25	6.73	6.06	4.68	4.15	3.50	3.81	5.21
7:00	8.20	6.62	5.92	4.47	3.89	3.31	3.60	5.09
8:00	8.16	6.52	5.80	4.27	3.66	3.10	3.27	4.99
9:00	8.12	6.44	5.70	4.08	3.46	2.87	2.89	4.91
10:00	8.07	6.36	5.58	3.91	3.25	2.63	2.55	4.83
11:00	8.03	6.28	5.46	3.75	3.08	2.40	2.27	4.75

时间	潮 水 位/m							
	南京	镇江	三江营	江阴	天生港	青龙港	三条港	瓜洲闸(闸下)
12:00	7.98	6.21	5.37	3.62	2.98	2.22	2.05	4.68
13:00	7.94	6.17	5.31	3.53	2.93	2.12	1.93	4.62
14:00	8.01	6.44	5.49	3.67	3.24	2.37	2.01	4.77
15:00	8.11	6.66	5.72	4.07	3.78	2.85	2.30	5.01
16:00	8.16	6.75	5.85	4.43	4.09	3.21	2.71	5.13
17:00	8.18	6.68	5.93	4.49	4.07	3.23	3.08	5.14
18:00	8.19	6.62	5.87	4.37	3.90	3.06	3.31	5.09
19:00	8.15	6.52	5.77	4.21	3.67	2.91	3.29	5.00
20:00	8.11	6.43	5.66	4.05	3.46	2.73	3.02	4.90
21:00	8.08	6.35	5.58	3.91	3.28	2.55	2.68	4.83
22:00	8.04	6.28	5.49	3.79	3.12	2.39	2.39	4.77
23:00	8.00	6.21	5.40	3.67	2.97	2.23	2.19	4.69
24:00	7.96	6.15	5.32	3.56	2.87	2.10	2.03	4.62
24:50	7.93	6.12	5.26	3.51	2.83	2.05	1.92	4.56

表6-6　　　　沿海代表站排涝潮型过程中高、低潮位及出现时间

站　名	连云港	燕尾港	新洋港闸(闸下)	王港新闸(闸下)	六垛南闸(闸下)	滨海闸(闸下)	射阳河闸(闸下)	斗龙港闸(闸下)	小洋口闸(闸下)
设计高高潮位	3.02	3.07	2.45	3.46	2.35	2.82	2.42	2.83	4.95
出现时间	5:31	4:46	4:20	3:50	3:34	2:39	4:09	3:10	3:19
相应高低潮位	−1.45	−0.95	−0.84	0.57	−0.18	0.64	−0.62	0.46	0.17
出现时间	12:24	12:01	12:10	12:45	11:37	11:37	12:06	12:50	10:12
相应低高潮位	2.77	2.78	1.89	2.83	2.05	2.43	1.54	2.31	4.81
出现时间	17:29	16:50	16:10	16:11	15:25	14:09	15:55	15:20	15:46

表6-7　　　　沿江代表站排涝潮型过程中高、低潮位及出现时间

站　名	南京	镇江	三江营	江阴	天生港	青龙港	三条港	瓜洲闸(闸下)
相应高高潮位	8.29	6.96	6.26	5.04	4.55	3.75	3.83	5.41
出现时间	4:16	3:18	4:10	3:48	4:14	4:24	5:46	3:39
设计高低潮位	7.94	6.17	5.3	3.52	2.92	2.12	1.91	4.6
出现时间	13:05	12:57	13:09	13:05	12:51	12:59	13:19	13:10
相应低高潮位	8.19	6.76	5.93	4.51	4.14	3.28	3.36	5.16
出现时间	17:24	15:48	17:03	16:37	16:22	16:32	18:24	16:30

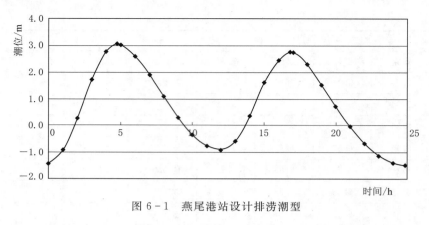

图 6-1 燕尾港站设计排涝潮型

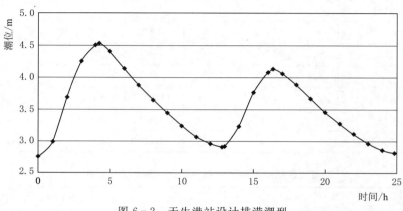

图 6-2 天生港站设计排涝潮型

第四节 重点区域与河湖承泄区控制水位分析

控制水位是指各涝区控制代表站洪涝外排设计控制水位，是涝区治理的主要目标之一，也是正确处理涝区蓄、泄关系的关键，其合理拟定关系到治涝工程影响区域内各项工程项目规模的合理性。依据相关规划成果，分析确定了里下河、太湖两个重点区域及其他作为重点排涝承泄区的流域性河湖的控制水位。

一、重点区域

1. 里下河地区

里下河腹部为水网区，排涝控制水位与地面高程、圩口闸、圩区内部动力、骨干河道排水等众多因素有关。从几十年的实践来看，当兴化水位在 2.0m 以下时，腹部区均可大面积保收；在 2.5m 以下时，除部分地区有影响外，中小洪涝年份一般大部分地区生产稳定，这是由于腹部地区多数是在地面高程 2.5m 以下筑圩。地面高程在 2.5～3.0m 的面积分布主要位于东部岗地、南部次高地和自灌区尾部，这些地区以往均不筑圩，大水年份往往首当其冲受到影响。

考虑到现有工程体系与灾情实际，仍以兴化水位 2.5m 作为河网排涝设计水位，在此水位状况下，自灌区坡地可自排，次高地不受涝，圩区涝水可按设计标准正常排出，湖荡地区不启用滞洪圩。腹部区各代表站除涝设计水位见表 6-8。

表 6-8   腹部区各代表站除涝设计水位

代 表 站		外河网排涝设计水位/m	地面高程/m
腹部区	兴化	2.5	1.5～3.0
	泰州	2.5	2.0～3.0
	建湖	2.2	1.5～2.8
	射阳镇	2.6	1.5～4.5
	阜宁	1.8	1.5～2.0

里下河斗北区、斗南区河网排涝设计水位的确定，也同样考虑地面高程、圩口闸、圩区内部动力、骨干河道排水等众多因素确定。斗北区、斗南区除涝设计水位见表 6-9。

表 6-9   斗北区、斗南区除涝设计水位

涝 区	涝 片	外河网排涝设计水位/m	地面高程/m
斗北区	射阳河沿岸片	2.0	1～3.0
	夸套片	2.0	0～3.0
	运棉河片	2.0	0～3.0
	利民河片	2.0	1.5～3.0
	西潮河片	2.0	2～3.5
斗南区	大丰片	2.5	2.0～4.0
	东台片	3.5	3.0～5.0
	南通片	3.3	2.5～4.5

2. 太湖地区

太湖地区外排骨干河道实行洪涝兼治，控制水位的合理拟定需综合考虑地形水系特点、现有防洪治涝能力、降低洪涝水位的可行性等因素，并结合地方防汛实践，达到在该水位下所采取治涝工程规模的最优化和社会综合成本的最小化。

太湖地区圩内控制水位一般低于地面高程 0.5m。根据太湖流域规划习惯，圩外河网没有区分防洪与排涝控制水位。考虑区域地形和现有圩区、河道现状防洪排涝能力，结合代表站实测洪水位频率成果，以及治涝工程实施后的水位可达性分析，分别拟定各涝区洪涝控制水位，见表 6-10。

表 6-10   太湖流域各涝区洪涝控制水位

二级涝区	三级涝区	代表站	洪涝控制水位/m	备注
太湖湖西区	洮滆区	洮湖王母观	5.66	
		滆湖坊前	5.43	
	运河区	丹阳	6.5*	

续表

二级涝区	三级涝区	代表站	洪涝控制水位/m	备注
武澄锡虞区	武澄锡区	青阳	4.80	
	澄锡虞区	陈墅	4.80	
阳澄淀泖区	阳澄区	湘城	4.10	
	淀泖区	陈墓	4.15	
	滨湖区	枫桥	4.60	
浦南区	浦南区	平望	4.40	北部
		铜罗	4.90	南部

注 丹阳站为正常排涝控制水位，防洪水位仍按相关要求执行。

二、重点河湖承泄区

依据相关规划成果，分析确定了南四湖、骆马湖等7个省管湖泊以及沂河、沭河等7条流域性河道的排涝控制水位，见表6-11。

表6-11 重点流域性河湖承泄区排涝控制水位

序号	流域性河湖	承泄区排涝控制水位
1	南四湖	以湖泊常水位或同频率水位作为承泄区水位。上级湖正常蓄水位34.2m，下级湖正常蓄水位32.5m；上级湖5年一遇、10年一遇水位分别为35.1m、35.3m，下级湖5年一遇、10年一遇水位分别为33.1m、33.4m
2	骆马湖	常水位22.83m
3	邳苍分洪道	5年一遇水位
4	沂河	5年一遇水位
5	沭河	5年一遇水位
6	中运河	5年一遇水位
7	新沂河	同频率水位
8	奎河及其支流	5年一遇省界水位
9	洪泽湖	正常蓄水位13.5m
10	白马湖	正常蓄水位6.5m
11	宝应湖	正常蓄水位6.5m
12	高邮湖	正常蓄水位5.7m
13	邵泊湖	正常蓄水位4.5m
14	秦淮河	20年一遇水位

第七章

里下河地区水文水动力河网治涝模型

第一节 里下河地区概况

一、区域范围

里下河地区地处江苏省中部，其范围四至为里运河以东、苏北灌溉总渠以南、扬州至南通 328 国道及如泰运河以北、海堤以西，区域总面积为 23022km²，耕地面积为 1952 万亩。涉及盐城市区、建湖、射阳、东台、兴化的全部和淮安市区、泰州市区、扬州市区、高邮、宝应、阜宁、滨海、海安、如皋、如东的一部分。里下河地区根据地形和水系特点，以通榆河为界，划分为里下河腹部和沿海垦区两部分。腹部地区又分为圩区和自灌区，沿海垦区以斗龙港为界，分为斗南垦区和斗北垦区两片。

二、地形地貌

里下河地区包括里下河平原、滨海平原以及黄河三角洲平原和长江三角洲平原的一部分。

腹部地区系里下河平原，为江淮平原的一部分，由长江、淮河及黄河泥沙长期堆积而成，四周高，中间低，呈碟形，俗称"锅底洼"。腹部地区总面积为 11722km²，地面高程为 2.5m（废黄河高程，下同）以下面积占全区总面积的 59％，高程 3.0m 以下占80.2％。其中，沿里运河、沿总渠自流灌区面积为 2340km²，地面高程为 2.5m 以下占4.1％，3.0m 以下占 28.0％。腹部洼地圩区总面积为 9382km²，地面高程 2.0m 以下占40.1％，2.5m 以下占 72.6％，3.0m 以下占 93.2％。

沿海垦区即滨海平原，原以 204 国道为界，现指通榆河以东地区，总面积为11300km²，地面高程 2.5m 以下面积占全区总面积的 46.6％，高程 3.0m 以下占 55.7％。据历史记载，在江淮平原东侧的岸外沙堤形成以后，才逐步淤涨而成。射阳河口以北属废黄河三角洲平原，射阳河至北凌河口为滨海平原，北凌河至如泰运河口东安闸属长江三角洲平原。该地区地势较为平坦，从东南向西北缓慢倾斜，以斗龙港为界，地形南高北低，斗南地面高程在 3.0m 以上，弶港附近地面高程在 5.0m 左右；斗北地面高程在 2.0m 左右，射阳河下游地面高程最低处不足 1.0m，是江苏平原最低部分。海堤以东 20～30km 范围内的海滩，尚未完全脱离海水浸淹，大部分为草滩，部分已围垦开发，是江苏省主要后备土地资源，也是正在开发建设的"海上苏东"地区。

三、水文气象

里下河地区气候处于亚热带向温暖带过渡地带，具有明显的季风气候特征，日照充足，四季分明。年平均气温为 14～15℃，无霜期为 210～220 天。区内年平均降雨量为 1000mm，汛期降雨量集中，6—9 月降雨量约占年降雨量的 65%，同时，降雨量年际变化也较大。年平均蒸发量为 960mm 左右。

从形成里下河地区大洪大涝的天气系统看，主要是 6 月左右的梅雨和 7—9 月的台风形成的暴雨。江淮之间特有的梅雨，一般在 6 月中旬入梅，入梅时间迟早、梅雨期长短、梅雨量多寡等均可能形成水旱灾害。长历时少雨带来的持续干旱也时有发生。1962 年、1965 年台风暴雨和 1954 年、1991 年、2003 年、2006 年、2007 年梅雨及 1966 年、1978 年、1992 年、1994 年、1997 年、2010 年、2013 年干旱，给里下河地区造成很大灾害。

长江潮水位对里下河地区的影响，主要是 6 月农业大用水期间江潮水位高低而影响到自流引江的能力。而 7—8 月的海潮高潮位顶托，对自排入海的泄量也有影响。

四、河流水系

里下河地区历史上曾是淮河洪水泄洪滞洪的地区，外部有流域性洪水和海潮威胁，内部也存在区域性洪水危害。里下河地区历史上是流域洪水走廊，里运河东堤建有归海五坝。当洪泽湖水位涨到一定高度时，开坝分泄淮河洪水入海，里下河地区成为一片泽国。中华人民共和国成立后，从挡御洪水、潮水入手，加固洪泽湖大堤，开挖灌溉总渠，修筑海堤，加固里运河堤防，其堤防成为防御淮河洪水以及海潮侵袭的外围屏障，又沿通扬公路沿线进行了封闭，挡住通南地区高地水入境，使里下河地区成为一个相对独立封闭的水系。

经过 60 多年的治理，里下河地区现为淮河流域洪泽湖下游主要防洪保护区，已形成相对完整、相对独立的引排水系，腹部地区形成了以射阳河、新洋港、黄沙港、斗龙港、川东港等自排入海为主，以江都站、高港站、宝应站分别通过新通扬运河、泰州引江河、潼河抽排入江为辅的排水体系。沿海垦区均建闸控制，既是排泄里下河腹部洪涝水的入海通道，又按地面高程形成独立排水区，分为夸套、运棉河、利民河、西潮河、大丰斗南、东台堤东、斗南南通 7 个区域，22 个独立自排区自排入海。

里下河地区除沿运、沿总部分北调灌区外，其余地区主要依靠开辟新通扬运河、泰州引江河自流引江，通过泰东河-通榆河、卤汀河、三阳河等骨干河道输水，并向渠北地区以及连云港地区供水，形成东引灌区水资源供给体系。沿通榆河一线分别建设了贲家集、富安、安丰、东台、草埝等抽水站，除可向垦区输送灌溉水外，还可与垦区排水错峰，帮助里下河排涝。

五、水利工程

1. 骨干河道及堤防

通过收集里下河地区范围内的河道堤防资料，包括堤防级别、河道断面及位置河道（渠道、排水沟）底高程、底宽、河坡和堤防顶高程、宽度、边坡，断面间距 500～2000m。

里下河区域内骨干防洪除涝控制工程主要是骨干河道上的排涝涵闸、泵站等，骨干河道主要有射阳河、黄沙港、新洋港、斗龙港、川东港、三阳河、潼河、兴盐界河、蚌蜒河、卤汀河等。里下河腹部湖荡是区域洪涝的汇集和调蓄湖泊，该区域洪涝外排控制建筑物如下：

（1）射阳河闸：排水入黄海，设计流量 960m³/s。

（2）黄沙港闸：排水入黄海，设计流量 200m³/s。

（3）新洋港闸：排水入黄海，设计流量 485m³/s。

（4）斗龙港闸：排水入黄海，设计流量 208m³/s。

（5）川东港闸：排水入黄海，设计流量 200m³/s。

（6）江都一站、二站、三站、四站：抽排入长江，合计设计流量为 508.2m³/s，各站分别为 81.6m³/s、81.6m³/s、135m³/s、210 m³/s。

（7）高港站：抽排入长江，设计流量 300m³/s。

（8）宝应站：抽排入里运河，设计流量 100m³/s。

（9）大套一、二站：相机抽排入废黄河，合计设计流量 110m³/s，各站分别为 50m³/s、60m³/s。

（10）北坦站：相机抽排入总渠，设计流量 50m³/s。

（11）姜堰站及沿通榆河各小站：姜堰站相机抽排入通南地区，设计流量为 15m³/s；沿通榆河各小站相机抽排入垦区河道，东台站设计流量为 24m³/s，安丰站设计流量为 48m³/s，富安站设计流量为 32m³/s，贺家集站设计流量为 45m³/s。

2. 水利工程调度

里下河地区的自排出路是入海五港，抽排出路是入江的江都、高港和宝应站，还有沿总渠的北坦站、沿通榆河的斗南小站等。运行调度启动的顺序是先自排、后抽排，先大站、后小站，先垦区、后腹部，先外排、后滞蓄。全区水情调度以兴化水位为代表，在兴化水位为 1.2m 以上时，根据天气预报降雨趋势，四港入海闸开启排水；兴化水位 1.4m 且继续上涨时，高港、江都、宝应站先后开机；当兴化水位达到 2.0m 时，关闭白马湖地涵、宝应地涵，停止运西白马湖、宝应湖地区排水入里下河，滞蓄控制线范围的湖荡加入自由水面调蓄；当兴化水位达到 2.5m 时，江都、高港、宝应站抽足规模，沿通榆河小站启用抽排里下河腹部地区涝水，入海四港和川东港专道排里下河腹部涝水；当兴化水位超过除涝设计水位 2.5m 时，宣布全区进入紧急防汛期，执行区域性防洪方案，湖荡滞洪圩分批滞洪。

里下河湖荡作为调蓄库容对洪涝灾害的影响至关重要。湖荡滞涝根据江苏省政府〔1992〕44 号文和《里下河腹部地区湖泊湖荡保护规划》规定的圩区分批滞涝计划计算。即保证现有 216km² 湖荡滞涝能力，当兴化水位为 2.5m 时，第一批滞涝圩滞涝，面积为 285km²；当兴化水位为 3.0m 时，第二批滞涝圩滞涝，面积为 89km²；当兴化水位超过 3.0m 并有继续上涨趋势时，第三批滞涝圩滞涝，面积为 105km²，以上三批滞涝圩共计 479km²。

3. 圩区及内部排涝泵站

经统计，里下河地区生产圩区合计 1931 个，总面积为 12354km²，圩区内部排涝泵站抽排总流量为 10002m³/s，其中里下河腹部 6740m³/s，沿海垦区 3262m³/s，腹部圩区现状平均排涝模数为 0.94m³/（s·km²），垦区现状平均排涝模数为 0.84m³/（s·km²），均基本达到 10 年一遇标准。

六、历史洪涝灾害

里下河地区既是鱼米之乡，也是多灾之邦。特殊的地理位置和气候条件，决定了里下河地区是一个洪涝旱风暴潮灾害频发的区域。历史上平均两三年出现一次水旱灾害。1931年大水是中华人民共和国成立前最严重的一次水灾，1950—2014 年，曾出现水旱灾害 25次，其中 1954 年、1962 年、1965 年、1991 年、2003 年、2006 年、2007 年出现大洪大涝。总体上看，里下河地区由于地势低洼，洪涝灾害的损失和影响都比较大。

1931 年，江淮大水。持续 1 个月左右的大面积梅雨加暴雨，形成了江淮并涨的大洪水。7 月泰县雨量达 947mm，高邮雨量达 721mm，宝应雨量达 610mm。淮河干流洪泽湖最高水位达 16.25m，高邮湖最高水位达 9.46m，三河中渡最大泄量达 11000m³/s，湖西各圩全破，归海坝、归江坝全启。该大水是 20 世纪受灾范围最广、灾情最重的一次大水灾。由于没有拦洪蓄水的控制工程，淮河洪水冲垮了里运河堤防，使里下河地区尽成泽国，共淹田 928 万多亩，共计损失 50834 万多元。

1954 年，梅雨。6 月 12 日—7 月 30 日，梅雨期长达 49 天。面平均雨量达 641mm，周边环境是江淮并涨，里下河腹部兴化水位为 3.09m，秋作受灾面积达 744 万亩，麦作受灾面积达 380 万亩。

1962 年，台风暴雨。汛期 7 月 1 日—9 月 15 日，里下河地区平均降雨 874mm，特别是 8 月 31 日—9 月 7 日，受 13、14 号台风暴雨袭击，溱潼站最大 24h 雨量达 374mm，7日平均面雨量达 304mm，产水量 42.3 亿 m³，全区 2.3 万个圩子，破沉 1.41 万个，占61%。圩区破圩后，兴化水位高达 2.93m，使 965 万亩稻棉秋熟作物受淹。

1965 年，梅雨接台风暴雨。里下河区在 6 月底入梅，7 月下旬形成高水位峰值，水位尚未退尽，8 月 17—21 日遇 13 号台风，暴雨中心大丰闸站 36h 雨量达 841mm，淮河下游雨量在 200mm 以上的笼罩面积达 31900km²，兴化最高水位 2.90m，受灾面积 916 万亩。

1991 年，特大梅雨。5 月 21 日—7 月 15 日，梅雨期长达 56 天，比常年多 30 天，入梅时间较常年提早 20 天，梅雨总量大，连续暴雨多。暴雨中心兴化站，梅雨量高达1296.6mm，降雨 1000mm 以上笼罩面积为 4680km²。破圩后，兴化洪水位最高达3.35m，里下河腹部地区 3.0m 水位以上围水面积达 9400km²。据里下河地区 12 个县区统计，共破圩 1024 个，受涝面积达 1327 万亩，损失粮食 9.95 亿 kg，各市（县）城镇普遍受淹，直接经济损失达 68 亿元。

2003 年，梅雨期面平均雨量达 580mm，仅次于 1991 年同期雨量（636.6mm），居历史第二位。里下河全区受淹面积达 1185 万亩，其中破圩 54 个，面积 19.2 万亩，农作物受灾面积 1066 万亩，绝收面积 325 万亩，损失粮食 2.18 亿 t，淡水养殖损失 32 万 t；受淹企业 4695 个，其中全停产企业 2231 个；受灾乡镇 217 个，2602 个村，51 个街道，193

个居委会，洪水围困人口 111 万人，紧急转移人口 30 万人，倒塌房屋 13 万间；损坏主要堤防 33 处，259km，损坏水闸 880 座、桥涵 1053 座、机电泵站 1310 座，直接经济损失81 亿元。

2006 年，梅雨。6 月 21 日入梅，至 7 月 12 日，里下河地区梅雨量为 373.7mm，里下河腹部、斗北、斗南地区梅雨量分别为 397.3mm、405.5mm、304.5mm。兴化以北地区雨量大于 400mm，降雨中心在黄土沟、射阳镇、沙沟、古殿堡、大丰一线，大丰、古殿堡站雨量最大，为 561mm。降雨相对比较集中，第二次强降雨过程发生在 6 月 29 日—7 月 4 日，占梅雨总量百分比除斗南区接近 70%，其余地区均超过 70%，而且该次降雨主要集中在 6 月 30 日和 7 月 3 日。有 16 个站的日降雨量大于 100mm，其中有 5 个站的日降雨量大于 200mm，运东闸站最大为 241mm。兴化最高水位达 3.01m，低于 2003 年的 3.24m；阜宁、盐城最高水位为 2.52m、2.67m，分别超过历史最高 0.06m、0.01m；建湖、射阳镇最高水位为 2.87m、3.29m，仅比历史最高水位低 0.01m、0.09m。

2007 年，梅雨。6 月 19 日—7 月 24 日，梅雨期长达 36 天，里下河地区面梅雨量432.1mm，降雨中心分布在腹部区及斗南区的北部，最大 15 日点雨量陆庄站 522.6mm，其次沈灶站 488mm。里下河全区受灾面积 24.93 万 hm^2，成灾 12.87 万 hm^2，绝收 4.07万 hm^2，受灾人口 253 万人，倒塌房屋 0.45 万间，受灾企业 990 家，直接经济损失达20.7 亿元，其中水利工程损失 1.69 亿元。

第二节 技术路线及方法

平原河网地区的洪水位受流域内下垫面情况变化和建筑物工程及其调度影响较大。中华人民共和国成立以来，里下河地区通过圩区治理，骨干河道整治，引排工程体系建设，洪水汇流条件发生了明显改变。特别是 1991 年区域发生特大洪涝后，加快了淮河流域治理工程，先后实施了通榆河、泰州引江河、泰东河、三阳河、潼河等工程，完成了高港枢纽、宝应站建设，进行了五港整治以及圩区改造等工程。因此，区域内河网实际发生的洪水位样本系列已缺乏一致性，采用直接排频的方法进行水文水利计算会有一定的偏差。为充分反映里下河水网地区水流运动规律，采用里下河地区设计暴雨推求设计洪水及其过程，研究构建里下河地区河网水文水动力模型。

一、技术路线

里下河区域水文水动力河网数学模型由水文模型和水动力学模型两大部分构成，水文模型进行区域内降雨产流计算和坡面汇流计算，水动力学模型负责圩区调度、骨干引排水水工建筑物调度和区域洪水演进过程计算。水文模型和水动力学模型可以相对独立计算，但水文模型为水动力学模型提供内部边界条件，因此按照先后顺序分别进行构建。

根据模型特点，进行模型构建需要开展数据收集和分析、水文模型构建、水动力学模型构建、模型率定验证及模型评估等方面的工作。首先，根据项目的目标和区域基本特征以及区域内的数据和站点情况，确定项目的数据收集的内容。基础数据的质量决定了模型的总体质量，因此需要对数据进行初步分析，以便确定模型精度目标。其次，根据收集到的区域特征、下垫面以及降雨站点分布等情况，进行区域降雨产水分区划分、水文模型构建以及河网概化、水动力学模型构建等工作，再根据实测数据对模型的参数进行率定，进行模型验证工作。最后，对模型的计算结构进行分析和评估，基于模型，开展相应的规划和模型应用工作。

二、技术方法

里下河水文模型沿用四类不同下垫面的产流计算方法，水动力学模型采用成熟、稳定的 MIKE11 商业软件作为基本的建模工具进行模型开发。完整的里下河地区河网水文水动力数学模型主要包括以下计算模块：产汇流计算模块、水动力计算模块、结构物调度计算模块和圩区产流计算模块。这些模块之间相对独立又相互耦合，其中产汇流计算通过自编的产汇流计算模型，河道水动力计算采用 MIKE11 HD 模块，结构物调度采用 MIKE11 SO 模块，圩区产流计算采用水文模型、MIKE HD 和 SO 模块耦合计算。

（一）产汇流计算

将里下河地区分为 65 个产汇流计算单元，再将用地分为旱地、水田、水面和建设用地四种类型分别进行计算，将不同部分的净雨过程叠加，得到逐日净雨量。针对不同下垫面的产流机制，研制了里下河产汇流模型计算程序，并采用里下河地区最新下垫面调查成果完成设计暴雨产汇流计算。

1. 产流计算

（1）旱地产流计算。采用《江苏省暴雨洪水图集》中的次降雨径流相关公式计算旱地径流深，即

$$R_{旱地} = \left[(p + p_a - C_p)^3 + C_i^3 \right]^{\frac{1}{3}} - C_i$$

式中　$R_{旱地}$——旱地径流深，mm；

C_p、C_i——计算参数，由《江苏省暴雨洪水图集》查得本区 C_p 选用值为 20，C_i 选用值腹部为 110，垦区为 115；

p——区域面平均降雨量，mm；

p_a——土壤前期影响雨量，mm，用 $p_a(t) = K\left[p_a(t-1) + p(t-1)\right]$ 进行逐日推算，$p_a(t)$ 为第 t 天土壤前期影响雨量，$p_a(t-1)$ 和 $p(t-1)$ 分别表示第 $t-1$ 天土壤前期影响雨量和面平均降雨量，K 为系数，平原区取值 0.93。

连续计算 p_a 时，从第一次洪水日期上推 20 天以上起算，起算日期取 $p_a = 0$ 或是取某日降雨的 1/2 作为第二天土壤前期影响雨量。当 p_a 大于流域最大初损 I_{max} 时，取 p_a 等于 I_{max}，平原区 $I_{max} = 95\text{mm}$。

径流计算做如下处理：如果当日降雨量小于 5mm，则不产生径流；如果计算出的径流深大于当日面平均降雨量，则取径流深等于当日降雨量。

（2）水田产流计算。水田是指水稻田，水稻生长期为 6—9 月，水田径流深为

$$R_{水田} = p - \alpha E_{601}$$

式中　E_{601}——E601 型蒸发皿蒸发量，蒸发选取区域内代表站蒸发量的算术平均，腹部
　　　　区用黄土沟和兴化算术平均；

　　　　α——水稻田蒸发蒸腾量与 E601 型蒸发皿蒸发量的折算系数，根据水稻田试验
　　　　成果，采用蒸发折算系数 α 的见表 7-1。

表 7-1　　　　　　　　　**水稻田蒸发折算系数（6—9 月）**

月份	6			7			8			9		
旬	上	中	下	上	中	下	上	中	下	上	中	下
α	1.0	1.0	1.1	1.1	1.2	1.4	1.5	1.5	1.4	1.2	0.9	0.9

　　（3）水面产流计算。水面部分为充分供水，其损失主要为蒸发损失，根据实测资料，
E601 型蒸发皿的实测蒸发量与水面的蒸发量之间存在差异，其关系随着月份而变化，水
面产流为

$$R_{水面}=p-KE_{601}$$

式中　K——自然水体与 E601 型蒸发皿蒸发量的折算系数，可从《江苏省水文手册》查
　　　　得。采用 $20m^2$ 水体代表标准水体，其折算系数 6—7 月取 0.94，8 月取
　　　　0.98，9 月取 1.04。

　　（4）建设用地产流计算。根据试验成果，每场雨扣除 3mm 初损，其余均产流。

　　2. 汇流计算

　　区域产流根据不同计算分区情况，采用 1d 或 2d 汇流单位线汇入河网，如图 7-1
所示。

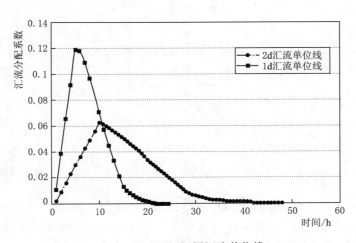

图 7-1　里下河河网汇流单位线

（二）水动力计算

1. 基本原理

　　一维河网模型以 Saint - Venant 方程组描述河道一维非恒定流。该方程组的基本形
式是

$$\frac{\partial A}{\partial t}+\frac{\partial Q}{\partial x}=q$$

$$\frac{\partial Q}{\partial t}+\frac{\partial}{\partial x}\left[\alpha\,\frac{Q^2}{A}\right]+gA\,\frac{\partial h}{\partial x}+g\,\frac{Q|Q|}{C^2AR}=0$$

式中　　x——距河道某固定断面沿水流方向的距离；

　　　　t——时间；

　　　　A——过水断面面积；

　　　　Q——对应于断面流量；

　　　　h——水位；

　　　　q——单位河长长度的旁侧入流流量；

　　　　R——水力（或阻力）半径；

　　　　C——谢才系数，$C=\dfrac{1}{n}R^{1/6}$，n 为河道糙率；

　　　　α——动量校正系数；

　　　　g——重力加速度。

一维模型利用 Abbott - Ionescu 六点中心差分格式，离散 Saint - Venant 方程组得到线性方程组，采用追赶法求解。

Abbott - Ionescu 六点中心差分格式并不是在每一个网格点处同时计算水位和流量，而是每个网格节点按照水位点（h - point）和流量点（Q - point）交替布置，然后在每个时间步长内采用隐式格式的有限差分法交替计算水位点和流量点，如图 7 - 2 所示。

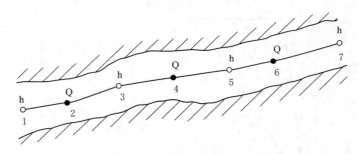

图 7 - 2　Abbott - Ionescu 六点中心差分格式水位点、流量点交替布置

Saint - Venant 方程组连续性方程中，Q 仅对 x 求偏导，可以写成以 h - point 为中心的形式；运动方程中 h 仅对 x 求偏导，可写成以 Q - point 为中心形式，如图 7 - 3 所示。

引入河宽 b_s，$\partial A=b_s\partial h$，可将连续方程改写为

$$b_s\,\frac{\partial h}{\partial t}+\frac{\partial Q}{\partial x}=q$$

在网格中心点 $\left(n+\dfrac{1}{2}\right)\Delta t$ 时刻，j 网格点处，应用该差分格式，连续方程式偏导数项分别表述为

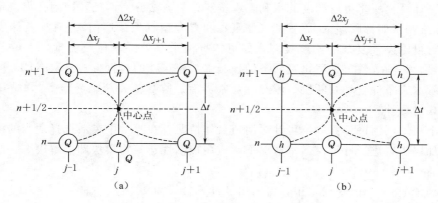

图 7-3　Abbott-Ionescu 六点中心差分格式

(a) 水位点 (h-point) 中心差分格式；(b) 流量点 (Q-point) 中心差分格式

$$b_s \approx \frac{A_{O,j} + A_{O,j+1}}{\Delta 2x_j}$$

$$\frac{\partial h}{\partial t} \approx \frac{h_j^{n+1} - h_j^n}{\Delta t}$$

$$\frac{\partial Q}{\partial x} \approx \left(\frac{Q_{j+1}^{n+1} + Q_{j+1}^n}{2} - \frac{Q_{j-1}^{n+1} + Q_{j-1}^n}{2} \right) / \Delta 2x_j$$

由于在一个时间步长内，当某网格点流速的方向发生变化时，运动方程式中二次项 Q^2 的离散形式可近似写为

$$Q^2 \approx \theta Q_j^{n+1} Q_j^n - (\theta - q) Q_j^n Q_j^n$$

其中 　　　　　　　　　　　　$0.5 \leqslant \theta \leqslant 1$

综上所述，只要给出某段河道上、下游节点水位，就能求得该段河道内任意一个网格点的水力参数。

2. 定解条件

(1) 初始条件。初始条件主要包括河床高程和初始水位。河床高程即河床初始地形，可由近期实测河道断面数据获得；初始水位通常为给定常数，可设置为河道正常蓄水位。

(2) 边界条件。一维河网模型中有三种常见类型的边界条件：水位边界 $h = h(t)$、流量边界 $Q = Q(t)$ 及水位流量关系边界 $Q = Q(h)$。上述三种边界依循水流连续性方程可统一转换为水位与时间的函数。由基本方程求解过程知，当上、下游节点水位 H_{us} 和 H_{ds} 已知，即可求解一维 Saint-Venant 方程组。

一般而言，河道上边界采用进口断面流量过程，下边界为出口断面水位过程。

(三) 构筑物计算

由于河网中存在大量的构筑物，而构筑物的调度操作对水力要素影响很大，因此不能忽视构筑物调度的影响。MIKE11 模型采用独立的模块进行结构物调度计算。将水工建筑物分为两大部分：一种不涉及调度规则，称为一般水工建筑物，如堰、涵洞、桥梁等；另一种则涉及调度规则，如闸门、泵站等存在明显人为调度控制的水工建筑物。

构筑物计算模块将可以调度的水利工程按照计算方法分为四类，即闸孔出流型（如节制闸）、越流型（如橡胶坝）、流量型（如泵）和混合型（如弧形门）。对涉及调度的水工建筑物运行可以设置复杂的调度规则，如可依据河道某处的水位或流量、水位差或流量差、蓄变量、时间等数十种逻辑判断条件控制水工建筑物的运行方式。MIKE11 根据建筑物上、下游水文条件自动判断所处流态（亚临界流、临界流、超临界流等），选用相应的水力学公式进行计算。

在里下河地区河网计算中，可针对河道具体情况，在模型中灵活选择适当的模块或将不同模块加以组合进行计算。通常情况下，应用控制性建筑物模块即可解决堰、闸的过流问题。

在 Control Structures 模块中，自由出流计算公式为

$$Q_{\text{free,underflow}} = \tau \frac{\delta}{\sqrt{1 + \frac{\delta w}{y_1}}} a \sqrt{2 g y_1}$$

式中　τ——流量校正因子；

　　　g——重力加速度；

　　　y_1——上游水位；

　　　w——闸门的垂直开度；

　　　a——通过闸门的过流面积（即指闸门垂直开度乘以闸门宽度）；

　　　δ——收缩系数，计算公式为

$$\delta = 1 - 0.75(\theta/90°) + 0.36(\theta/90°)^2$$

式中　θ——闸门相对于河道的倾斜角。

淹没出流计算公式为

$$Q_{\text{submerge,underflow}} = \tau \frac{\delta}{\sqrt{1 + \frac{\delta w}{y_1}}} a \sqrt{2 g (y_1 - y_2)}$$

式中　y_2——下游水位。

当 $y_2 < y_{\text{Limit}} + y_{\text{Tran,Bottom}}$ 时发生自由出流，当 $y_2 > y_{\text{Limit}} + y_{\text{Tran,Bottom}} + y_{\text{Tran,Depth}} y_{\text{Tran,Bottom}}$ 时发生淹没出流，其中 $y_{\text{Tran,Depth}}$ 为用户自定义值，y_{Limit} 计算如下

$$y_{\text{Limit}} = \frac{\delta w}{2} \left[\sqrt{1 + 16 \left(\frac{H}{\delta w} - 1 \right)} - 1 \right]$$

式中　H——上游水头，在自由出流与淹没出流的过渡区，流量应用上述公式线性插值
　　　　计算。

（四）圩区产流计算

里下河地区有大量的圩区，这些区域的产汇流明显受人为调控的影响。经统计，全区域有约 12354km^2 的区域排水受泵站调度控制，占里下河地区面积的 54%，特别是腹部地区的圩区面积为 9090km^2，占腹部地区面积的 78%。计算中直接使用产汇流模型对平原坡水区进行产汇流过程进行计算，对于圩区采用虚拟河道和水工建筑物组合的方式来模拟圩区产汇流过程，即将每一片圩区视为独立的子流域，圩内的产流由水文模型计算，但是

排水过程采用河道和泵站组合模拟，河道概化圩内蓄水体、泵站前池和河道，泵站直接模拟实际调度过程。对应每一片概化的圩区，建立一条虚拟河道，其上游与对应的圩区子流域产汇流结果耦合，承接圩区子流域的降雨产流。将圩内河道的水面面积以附加库容的方式进行概化，从而可大致反映圩内河道水位的变化，使之与实际情况基本吻合。

第三节　基础数据与处理分析

一、基础数据

1. 地理地形数据

收集两套里下河地区 1/10000 地形图，分别为 CAD 格式（2004 年）和 AICGIS 格式（2009 年），另外也委托拼接了一套全区域 2012 年的卫片图，这些地形图在建模的时候均可作为基础底图使用。

2. 河网水系数据

搜集里下河地区水系及主要水利工程分布图，河道断面流域、区域骨干河道和重要跨县河道密度为 1km/个，重要县域骨干河道和无等级河网补充河道密度为 2km/个。

3. 水工建筑物数据

里下河地区水工建筑物众多，区域骨干大型水工建筑物主要包括沿海挡潮闸、沿江沿通榆河等大中型抽水泵站、垦区五港沿线各片高低水系之间的控制建筑物和湖荡滞洪圩的进洪口门四大类。此外，面上还广泛分布着数以万计的供圩区所使用的引排圩口闸站。

模型中概化的水工结构物数据由《江苏省防汛抗旱手册》《江苏省水利普查资料汇编》《江苏省水利工程管理资料汇编（水闸分册）》《江苏省水利工程管理资料汇编（泵站分册）》及各市县水利志和查勘调研资料整理汇编，主要水工建筑物资料信息见表 7-2 和表 7-3。

表 7-2　里下河地区主要水闸情况

水 闸 名 称	所在河流	水闸类型	闸顶高程/m	闸孔数量/个	闸孔净宽/m	过闸最大流量/(m³/s)
夸套闸	夸套河	挡潮闸	2.5	3	6	147
双洋闸	八丈河	挡潮闸	1.5	6	3.7	332
运粮河闸	运粮河	挡潮闸	1.8	5	6	116
射阳闸	射阳河	挡潮闸	2.0	33	10	6340
环洋洞	射阳河	挡潮闸	0.5	3	3	109
射阳港闸	运料河	挡潮闸	1.8	5	3	160
运棉河闸	运棉河	挡潮闸	2.0	14	6	1467
黄沙港闸	黄沙港	挡潮闸	1.8	15	5	1418
利民闸	利民河	挡潮闸	1.8	10	5	756
新洋港闸	新洋港	挡潮闸	2.0	16	10	3077

续表

水 闸 名 称	所在河流	水闸类型	闸顶高程/m	闸孔数量/个	闸孔净宽/m	过闸最大流量/(m³/s)
西潮河闸	西潮河	挡潮闸	2.0	4	10	655
三里河闸	南直河	挡潮闸	2.0	3	4	142
斗龙港闸	斗龙港	挡潮闸	2.5	7	10	1260
大丰闸	大丰干河	挡潮闸	2.5	7	10	619
四卯酉闸	四卯酉河	挡潮闸	2.5	10	5	818
王港新闸	王港河	挡潮闸	3.0	6	15	—
竹港新闸	疆界河	挡潮闸	3.0	2	8	195
川东港新闸	川东港	挡潮闸	3.0	10	10	968
川水闸	东台河	挡潮闸	2.8	4	8	257
梁垛河闸	梁垛河	挡潮闸	3.5	8	6	274
梁垛河南闸	梁垛河	挡潮闸	3.0	4	8	256
方塘河闸	方塘河	挡潮闸	3.0	4	8	292
北凌闸	北凌河	挡潮闸	3.0	6	4	—
北凌新闸	北凌河	挡潮闸	3.0	4	5.5	476
洋口外闸	栟茶运河	挡潮闸	3.5	6	10	740
掘苴河闸	掘苴河	挡潮闸	3.5	12	3	282
东安新闸	如泰运河	挡潮闸	3.4	9	5.06	215
上游节制闸	运棉河	节制闸	−2.5	1	8	10
新民河闸	新民河	节制闸	−2.0	1	4	6.5
兴桥南套闸	战备河南段	节制闸	−2.5	1	6	10
兴桥北套闸	战备河北段	节制闸	−2.5	1	6	10
东厦双苏Ⅱ闸站-水闸工程	新民河	节制闸	−2.0	1	4	6.5
潭洋河北套闸	战备河南段	节制闸	−2.5	1	6	10
潭洋河南套闸	战备河南段	节制闸	−2.5	1	6	10
西洋沙河南闸	西洋沙河	节制闸	−2.0	1	4	6.5
新丰河闸	新丰河	节制闸	−3.0	3	16	30.27
特庸套闸	战备河南段	节制闸	−2.5	1	6	10
民航中心河北闸	新生河	节制闸	−2.0	1	8	13.78
斗龙港北步凤河闸	新生河	节制闸	−2.0	1	5	8.59
斗龙港北仁智河闸	仁智河	节制闸	−2.5	1	5	8.59
老斗龙港节制闸	老斗龙港	节制闸	−2.0	7	40	119
四卯酉节制闸	四卯酉河	节制闸	−2.5	1	10	68

水 闸 名 称	所在河流	水闸类型	闸顶高程/m	闸孔数量/个	闸孔净宽/m	过闸最大流量/(m³/s)
民权闸	东洋河	节制闸	0.0	1	4	28
向阳闸	东风河	节制闸	−1.0	1	4	36
界河闸	旭日支沟	节制闸	0.0	1	4	26
潘灶闸	中心河	节制闸	−1.0	1	5	25
新村南闸	七大沟	节制闸	0.0	1	4	22
南农干河闸	农干河垦区	节制闸	−0.5	1	6	35
东风河闸	东风河	节制闸	0.5	3	10	52
海堤闸	海堤河	节制闸	0.0	1	4	24
西潮河上游调节闸	西潮河	节制闸	−3.0	2	8	12
伍佑港闸	伍佑港	节制闸	−1.8	1	8	12.5
伍龙河上首闸	伍龙河	节制闸	−1.0	1	6	10.1
通榆河东伍龙河闸	伍龙河	节制闸	−1.0	1	6	10.1
十总河西闸	十总河	节制闸	−2.0	1	6	6.13
大中镇八灶村翻身河闸	八灶河	节制闸	−0.5	1	6	11
南界大沟闸	南界大沟	节制闸	−2.0	1	4	8
三十里闸	三十里河	排(退)水闸	−2.0	1	8	20
中洋河闸	中洋大沟	排(退)水闸	−1.0	1	4	9
向东闸	梁垛河	节制闸	−1.0	1	7	40
串场河节制闸	红星河	节制闸	−0.5	2	5	38.5
贲家集水利枢纽工程-水闸工程	北凌河	节制闸	−1～−2	1	8	52
堆塘河闸	堆塘河	节制闸	−2.5	1	6	9.5

表 7 - 3   **里下河地区主要泵站情况**

泵站名称	所在河流	设计抽排流量/(m³/s)
江都站	新通扬运河	508
高港站	泰州引江河	300
宝应站	潼河	100
大套一站、二站	通榆河	110
北坍站	民便河	50
姜堰站	中干河	15
东台站	东台河	24
安丰站	三仓河	48
富安站	方塘河	32
贲家集站	北凌河	45

4. 水文气象站点

江苏省水文水资源勘测局收集整理了里下河地区及周边降雨量、水位、流量、蒸发站、潮位等实测水文资料，主要包括 85 个雨量站 1951—2014 年实测逐日降雨量资料，69 个水位站建站至 2012 年实测逐日水位资料，40 个流量站建站至 2012 年实测逐日流量资料，6 个挡潮闸 2003 年、2006 年、2007 年汛期逐时流量资料，7 个蒸发站建站至 2012 年实测逐日蒸发资料，11 个沿海潮位站建站至 2012 年实测逐日高低潮位资料，见表 7-4～表 7-9。

表 7-4　　　　　　　　　　里下河地区逐日降雨量站点一览表

编号	站点名称	观测年份	编号	站点名称	观测年份
1	滨海	1951—2014	29	古殿堡	1954—2014
2	宝应	1950—2014	30	黄土沟	1966—2014
3	八桥	1979—1994	31	建湖	1951—2014
4	安丰	1953—2014	32	阜宁	1950—2014
5	曹甸	1951—1993	33	沟墩	1969—2010
6	崔河	1979—1992	34	海关	1966—2014
7	车桥	1977—2014	35	利民河闸	1978—2014
8	仇桥	1979—2014	36	红卫船闸	1978—2014
9	大冈	1954—1995	37	梁垛河闸	1972—1994
10	板湖	1978—2014	38	东台河闸	1960—2014
11	东台	1950—2002	39	花川	1965—2014
12	白驹	1978—2014	40	苏嘴	1955—2014
13	大团	1969—2014	41	六垛闸	1953—2014
14	丁堡河闸	1960—2014	42	六闸	1950—2014
15	安丰抽水站	1977—2014	43	泰州	1951—2014
16	川东港闸	1951—2014	44	三垛	1954—2014
17	大同	1978—2014	45	溱潼	1954—2014
18	大丰	1953—2014	46	时埝	1978—2014
19	大丰闸	1960—2014	47	鲁垛	1966—2014
20	阜宁腰闸	1963—2014	48	陆庄	1994—2014
21	界首	1951—2014	49	沙沟	1957—2014
22	高邮	1950—2014	50	射阳镇	1952—2014
23	姜埝	1954—2014	51	收成庄	1955—2014
24	海安	1950—2014	52	射阳河闸	1953—2014
25	樊川	1954—2014	53	沙歪港	1981—1993
26	墩头	1963—2014	54	三区	1978—2014
27	老阁	1979—2014	55	芦公祠	1957—2014
28	临泽	1954—2014	56	上冈	1965—2014

编号	站点名称	观测年份	编号	站点名称	观测年份
57	三仓河闸	1954—2014	72	正洪	1978—2014
58	沈灶	1954—2014	73	五汛	1978—1993
59	四卯酉闸	1980—2014	74	通洋港	1957—2014
60	运东闸	1951—2014	75	运粮河闸	1979—2014
61	王圩	1966—2014	76	中兴桥	1979—1993
62	万福闸	1965—2014	77	盐城	1950—2014
63	宜陵闸	1965—2014	78	新港闸	1964—1994
64	壮志	1980—1993	79	许河	1978—1994
65	沿口	1978—2014	80	五七	1978—2014
66	小洋口闸	1956—2014	81	王港新闸	1950—2014
67	兴化	1950—2014	82	斗龙	1978—1987
68	唐子镇	1954—2014	83	新洋港闸	1957—2014
69	吴堡	1979—2014	84	西连岛	1988—2014
70	西安丰	1977—2014	85	周庄	1952—1955
71	永兴	1963—2014			

表 7 - 5 　　　　　　　　　　　里下河地区逐日水位站点一览表

编号	站点名称	观测年份	编号	站点名称	观测年份
1	邵伯闸（闸上）	1980—2012	18	高邮（北）	1934—1936/1963—2012
2	芒稻闸（闸上）	1966—2012	19	三垛	1954、1960—2012
3	江都东闸（闸上）	1973—2012	20	沈伦	1954、1962—2012
4	宜陵闸（闸上）	1962—2012	21	港口	1978—2012
5	宜陵闸（闸下）	1964—2012	22	周庄	1962—1993
6	宜陵北闸（闸下）	1977—1999	23	老阁（南官河）	1950—1957、1968—2012
7	泰州（通）	1951—2012	24	兴化	1925—1936、1950—2012
8	姜埝（通）	1954—2012	25	唐子镇	1954、1963—2012
9	海安（通）	1925—2012	26	安丰	1962—2012
10	小洋口闸（闸上）	1955—1957、1980—2012	27	中堡	1979—2012
11	泰州（泰）	1962—2012	28	古殿堡	1954—2012
12	溱潼	1953—2012	29	大冈	1954/1962—1995
13	时埝	1978—2012	30	孙英	1979—1993
14	邵伯闸（埝下）	1980—2012	31	沙沟	1951—2012
15	樊川（三）	1978—2012	32	北宋庄（坝下）	1962—2012
16	樊川（斜）	1954—2012	33	秦南	1978—1993
17	八桥	1979—1994	34	龙冈	1953—2012

编号	站点名称	观测年份	编号	站点名称	观测年份
35	新河庙	1978—1993	53	上冈	1972—2012
36	黄土沟(西)	1971—2012	54	中兴桥	1980—1993
37	建湖	1951—2012	55	海安(串)	1950—2012
38	院道港	1978—1993	56	东台	1933—1936、1950—2002
39	周巷	1978—1993	57	盐城	1925—1936、1950—2012
40	临泽	1954、1977—2012	58	丁堡河闸(闸上)	1960—1998
41	望直	1962—1993	59	安丰抽水站(站上)	1971—2012
42	鲁垛	1978—2012	60	安丰抽水站(站下)	1971—2012
43	西安丰	1977—2012	61	沈灶	1956、1963—2012
44	陆庄	1979—2012	62	草埝抽水站(站下)	1978—1993
45	射阳镇	1951—2012	63	大丰	1958—2012
46	收成庄	1955—2012	64	大团	1967—2012
47	永兴(射)	1962—2012	65	大新河口	1957—2012
48	阜宁(射)	1956—2012	66	花川	1962—1993
49	通洋港	1964—1993	67	伍佑港闸(闸下)	1953—1954、1978—1993
50	永兴(西)	1964—1993	68	斗龙	1978—1993
51	沟墩(海)	1970—2010	69	丁埝	1984—2014
52	阜宁(通)	1973—1974、1979—2012			

表7-6　　　　里下河地区逐日流量站点一览表

编号	站点名称	观测年份	编号	站点名称	观测年份
1	运东闸(闸下)	1954—1996	15	江都东闸(闸下)	1962—2012
2	淮安大引江闸(闸上)	1972—2012	16	宜陵闸(闸上)	1964—1998
3	淮安抽水一站(站下)	1974—2012	17	小洋口闸(闸上)	1957—2012
4	淮安抽水二站	1979—2012	18	黄土沟(西)	1980—2012
5	运西电站节制闸(总)	1990—2012	19	阜宁(射)	1957—2012
6	阜宁腰闸(闸下)	1958—2012	20	射阳河闸(闸下)	1989
7	阜宁水电站	1975—2012	21	永兴(西)	1964—1993
8	六垛南闸(闸上)	1954—2012	22	阜宁(通)	1973—2012
9	万福闸(闸下)	1962—2012	23	运棉河闸(闸上)	1960—2012
10	太平闸	1973—2012	24	上冈	1972—2012
11	金湾闸	1974—2012	25	黄沙港闸(闸上)	1972—2012
12	芒稻闸(闸下)	1966—2012	26	利民河闸(闸上)	1970—2012
13	江都引江抽水站(引)	1965—2012	27	安丰抽水站(站下)	1971—2012
14	江都引江抽水站(排)	1969—2012	28	梁垛河南闸(闸上)	1983—2012

编号	站 点 名 称	观测年份	编号	站 点 名 称	观测年份
29	梁垛河闸（闸上）	1972—2012	35	大丰闸（闸上）	1958—2012
30	东台河闸（闸上）	1960—1996	36	大团	1970—2012
31	川东港闸（闸上）	1970—2012	37	斗龙港闸（闸上）	1966—2012
32	竹港新闸（闸上）	1973—1993	38	大新河口	1957、1962—2012
33	王港新闸（闸上）	1959—2012	39	新洋港闸（闸下）	1957—1996
34	四卯酉闸（闸上）	1984—2012	40	西潮河闸（闸上）	1965—2012

表 7 - 7　　　　里下河地区逐时流量资料一览表

编号	站 点 名 称	观 测 年 份
1	射阳河闸	2003、2006、2007
2	黄沙港闸	2003、2006、2007
3	斗龙港闸	2003、2006、2007
4	新洋港闸（闸上）	2003、2006
5	运棉河闸（闸上）	2003、2006、2007
6	梁垛河南闸（闸上）	2003、2006、2007

表 7 - 8　　　　里下河地区逐日蒸发站资料一览表

编号	站点名称	观 测 年 份
1	运东闸	1953—1954、1965—2012
2	六闸	1951—1954、1965—2012
3	海安	1951—1954、1965—2012
4	兴化	1951—1954、1965—2012
5	阜宁	1951—1954、1965—2012
6	盐城	1951—1954、1965—2012
7	大丰闸	1965—2012

表 7 - 9　　　　里下河地区逐日高低潮位资料一览表

编号	站点名称	观测年份	备注
1	连云港	1958—2012	每日两高两低
2	大浦	1951—1969	每日两高两低
3	燕尾港	1951—2012	每日两高两低
4	六垛南闸（闸下）	1953—1957	每日两高两低
5	射阳河闸（闸下）	1956—2012	每日两高两低
6	新洋港闸（闸下）	1957—2012	每日两高两低
7	斗龙港闸（闸下）	1968—2012	每日两高两低
8	王港新闸（闸下）	1957—1966	每日两高两低
9	东台河闸（闸下）	1960—1996	每日两高两低
10	小洋口闸（闸下）	1954—2009	每日两高两低
11	遥望港闸（闸下）	1974—2012	每日两高两低

二、数据分析

通过收集整理大量的相关数据，绝大部分数据为模型构建提供了坚实的支撑。

1. 下垫面数据

下垫面数据能够准确反映里下河地区面上四类下垫面空间分布以及圩外、圩内的调蓄水面分布情况。

2. 河网水系数据

河网水系数据全部覆盖了区域内模型概化的所有河道，能满足水动力学模型搭建的需求。

3. 水工结构物数据

收集的水利普查等资料中涵盖了模型构建中所有需要概化的水工结构物的类型功能、工程规模和控制运用调度规则等信息。

4. 水文气象数据

（1）降雨蒸发数据。降雨蒸发数据中华人民共和国成立初期测站较少，并有部分月份缺测的情况，在模型计算时一般采用邻近测站进行插值计算。

（2）水位（潮位）数据。水位（潮位）数据主要包含了区域主要控制点的逐日水位过程，基本涵盖了整个地区的水位监测资料。斗南南通地区闸下潮位由于闸下河道淤积而测不到逐日低潮位数据。

（3）流量数据。流量数据包含了整个地区大部分主要排水出口断面的流量过程，可控制本地区绝大部分的出流水量，为地区水量平衡分析奠定良好的基础。

（4）主要建筑物调度数据。收集到区域沿江江都站、高港站、宝应站三座大型抽排泵站，沿海射阳河、新洋港、黄沙港、斗龙港等排水闸 2003 年、2006 年和 2007 年逐时调度排水流量过程资料。

通过数据整理分析认为，建模所收集到的地理地形、河网水系、水工结构物、水文气象等方面数据完备齐全，并且质量较好。特别是水文气象数据中大量的国家站实测水文资料和省属江都、高港等管理处近期大水年汛期实测调度资料，可还原当年历史洪水发生时的水情、工情，这些数据基本可满足模型构建、率定和验证的需求。

第四节 模型构建

该水文水动力学模型将江苏省已使用多年的成熟的产汇流计算方法自编水文模型软件和国际通用的水力学商业软件耦合建模，可充分发挥各自模型的优势。模型的构建工作主要是将所需要的数据处理成通用格式并输入到模型中，同时还包括区域参数的合理概化。

水文模型构建的主要工作有水文子分区划分、下垫面信息处理录入、参数选取、雨量计算等方面；水动力学模型构建主要包括河网文件构建、断面数据处理录入、蓄水空间概化、边界条件和初始条件设置等；圩区模型构建主要包括圩区的概化设置、排涝闸站的设置等。

模型构建要本着准确和合理的原则，该模型的参数均具有实际的物理概念，因此相应的参数需要结合物理概念和区域实际测量的数据进行分析设置。该模型构建的绝大部分的基本尺寸数据是由实测数据获得，对少量缺乏数据的情况在模型中进行概化处理。

一、水文模型构建

水文模型构建首先要划分水文分区，该模型中共划分为 65 个水文分区，其中里下河腹部沿用江苏省水利勘测设计院腹部老模型 44 个水文分区，垦区水文分区需根据雨量站点分布、区域地形、水系特点、行政分区等因素划分为 21 个水文分区，每个水文分区中还需再细分为圩内和圩外区，水文子分区划分如图 7-4 所示。

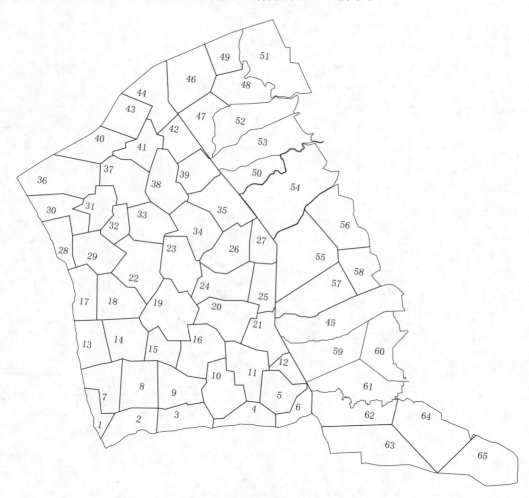

图 7-4　里下河地区水文分区

水文计算对各个子分区圩内和圩外的不同下垫面进行独立产汇流计算，因此对于各个子分区的圩内和圩外区，需要根据下垫面资料再进行不同下垫面参数的切割计算和统计。经统计，模型中概化区域总面积为 20891km²，其中概化圩区面积为 12354km²，平原坡水区面积为 8537km²。

根据《江苏省降水产流下垫面调查统计成果》（2016 年 2 月）矢量图数据进行分区统计，各子分区中圩内和圩外区下垫面统计见表 7-10。

表 7-10　　　　　　　　　　　　里下河地区下垫面统计成果　　　　　　　　　　　　单位：km²

降雨产流分区		总面积	建设用地	水田	水系	塘、沟	旱地
1	合计	111.34	6.13	46.45	12.94	2.1	43.72
	圩内	47.69	1.41	20.88	6.39	0.83	18.18
	圩外	63.65	4.72	25.57	6.55	1.27	25.54
2	合计	243.84	28.8	98.28	18.17	2.18	96.41
	圩内	5.23	0.08	2.82	0.57	0.03	1.73
	圩外	238.61	28.72	95.46	17.6	2.15	94.68
3	合计	229.55	37.62	68.49	37.56	4.95	80.93
	圩内	113.78	9.39	37.61	20.8	3.29	42.69
	圩外	115.77	28.23	30.88	16.76	1.66	38.24
4	合计	183.2	21.67	86.93	19.04	0.71	54.85
	圩内	44.12	0.54	26.02	5.15	0.19	12.22
	圩外	139.08	21.13	60.91	13.89	0.52	42.63
5	合计	241.29	11.96	123.7	34.77	1.75	69.11
	圩内	225.48	11.48	115.81	32.8	1.73	63.66
	圩外	15.81	0.48	7.89	1.97	0.02	5.45
6	合计	125.42	9.06	56.75	13.99	0.46	45.16
	圩内	44.63	0.81	20.88	4.97	0.11	17.86
	圩外	80.79	8.25	35.87	9.02	0.35	27.3
7	合计	262.63	10.32	137.47	28.17	7.69	78.98
	圩内	169.56	5.31	89.98	19.56	5.75	48.96
	圩外	93.07	5.01	47.49	8.61	1.94	30.02
8	合计	317.39	10.75	167.05	31.14	9.64	98.81
	圩内	181.55	5.16	94.85	18.98	8.36	54.2
	圩外	135.84	5.59	72.2	12.16	1.28	44.61
9	合计	286.67	6.91	132.28	46.29	14.38	86.81
	圩内	254.32	4.24	120.36	39.23	12.9	77.59
	圩外	32.35	2.67	11.92	7.06	1.48	9.22
10	合计	315.88	21.27	146.64	61.65	7.11	79.21
	圩内	268.29	17	132.1	50.32	4.52	64.35
	圩外	47.59	4.27	14.54	11.33	2.59	14.86
11	合计	309.99	19.87	162.5	55.11	1.19	71.32
	圩内	298.25	19.06	157.87	52.75	1.14	67.43
	圩外	11.74	0.81	4.63	2.36	0.05	3.89
12	合计	106.05	3.27	54.68	14.28	0.47	33.35
	圩内	82.04	0.49	47.95	11.16	0.25	22.19
	圩外	24.01	2.78	6.73	3.12	0.22	11.16

降雨产流分区		总 面 积	建 设 用 地	水 田	水 系	塘、沟	旱 地
13	合计	245.57	30.86	98.01	27.39	5.01	84.3
	圩内	238.45	30.63	94.94	25.98	4.93	81.97
	圩外	7.12	0.23	3.07	1.41	0.08	2.33
14	合计	293.36	8.53	120.57	38.55	21.23	104.48
	圩内	282.9	7.55	117.8	37.17	20.28	100.1
	圩外	10.46	0.98	2.77	1.38	0.95	4.38
15	合计	169.85	4	86.12	28.68	10.47	40.58
	圩内	161.88	3.61	83.27	27.2	9.51	38.29
	圩外	7.97	0.39	2.85	1.48	0.96	2.29
16	合计	331.95	8.28	185.14	66.26	10.35	61.92
	圩内	287.75	5.73	163.69	57.53	9.26	51.54
	圩外	44.2	2.55	21.45	8.73	1.09	10.38
17	合计	235.61	7.01	134.91	11.1	3.44	79.15
	圩内	163.49	3.34	92.78	7.38	2.95	57.04
	圩外	72.12	3.67	42.13	3.72	0.49	22.11
18	合计	319.34	6.96	125.54	81.49	14.77	90.58
	圩内	271.95	6.31	104.69	76.13	10.68	74.14
	圩外	47.39	0.65	20.85	5.36	4.09	16.44
19	合计	422.62	31.56	132.77	134.23	24.61	99.45
	圩内	363.99	23.48	123.99	117.96	18.8	79.76
	圩外	58.63	8.08	8.78	16.27	5.81	19.69
20	合计	342.72	13.69	195.21	66.03	8.63	59.16
	圩内	329.21	12.38	190.2	63.04	7.8	55.79
	圩外	13.51	1.31	5.01	2.99	0.83	3.37
21	合计	252.05	25.18	123.33	38.35	1.02	64.17
	圩内	200.49	11.88	113.08	31.45	0.53	43.55
	圩外	51.56	13.3	10.25	6.9	0.49	20.62
22	合计	405.48	5.21	126.03	174.76	31.47	68.01
	圩内	377.5	4.14	118.36	164.14	28.7	62.16
	圩外	27.98	1.07	7.67	10.62	2.77	5.85
23	合计	313.06	8.92	151.91	84.09	15.26	52.88
	圩内	287.88	8.38	147.11	68.39	14.04	49.96
	圩外	25.18	0.54	4.8	15.7	1.22	2.92
24	合计	317.19	10.28	181.54	67.09	9.04	49.24
	圩内	311.16	8.99	179.38	65.81	8.8	48.18
	圩外	6.03	1.29	2.16	1.28	0.24	1.06

续表

降雨产流分区		总 面 积	建设用地	水 田	水 系	塘、沟	旱 地
25	合计	211.72	8.96	120.34	34.13	2.38	45.91
	圩内	203.66	8.52	117.54	32.71	2.3	42.59
	圩外	8.06	0.44	2.8	1.42	0.08	3.32
26	合计	305.85	13.01	179.85	40.32	4.22	68.45
	圩内	285.8	12.26	167.89	37.67	3.87	64.11
	圩外	20.05	0.75	11.96	2.65	0.35	4.34
27	合计	152.01	6.24	84.37	22.37	1.07	37.96
	圩内	141.06	4.7	79.18	19.35	1.06	36.77
	圩外	10.95	1.54	5.19	3.02	0.01	1.19
28	合计	177.86	26.71	92.21	7.76	2.56	48.62
	圩内	82.83	13.4	40.18	4.47	1.78	23
	圩外	95.03	13.31	52.03	3.29	0.78	25.62
29	合计	289.24	5.66	159.1	52.21	8.09	64.18
	圩内	253.21	4.24	140.71	46.75	5.81	55.7
	圩外	36.03	1.42	18.39	5.46	2.28	8.48
30	合计	265.77	8.27	157.74	20.85	5.64	73.27
	圩内	141.84	3.24	81.87	16.53	4.42	35.78
	圩外	123.93	5.03	75.87	4.32	1.22	37.49
31	合计	206.84	2.77	68.94	89.91	9.88	35.34
	圩内	178.82	2.28	60.61	78.19	5.99	31.75
	圩外	28.02	0.49	8.33	11.72	3.89	3.59
32	合计	138.31	1.93	55.75	51.77	6.62	22.24
	圩内	131.42	1.69	54.59	48.45	5.6	21.09
	圩外	6.89	0.24	1.16	3.32	1.02	1.15
33	合计	267.37	6.2	92.65	88.92	27.72	51.88
	圩内	255.91	5.92	91.01	84.56	24.89	49.53
	圩外	11.46	0.28	1.64	4.36	2.83	2.35
34	合计	324.6	13.79	194.74	31.78	6.03	78.26
	圩内	317.66	13.52	191.63	30.94	5.89	75.68
	圩外	6.94	0.27	3.11	0.84	0.14	2.58
35	合计	358.44	92.49	128.07	35.69	3.39	98.8
	圩内	346.42	90.8	125.96	32.06	3.37	94.23
	圩外	12.02	1.69	2.11	3.63	0.02	4.57
36	合计	480.8	14.96	296.53	17.06	7.8	144.45
	圩内	174.85	4.57	107.9	8.41	3.84	50.13
	圩外	305.95	10.39	188.63	8.65	3.96	94.32

降雨产流分区		总 面 积	建 设 用 地	水 田	水 系	塘、沟	旱 地
37	合计	324.54	8.86	130.13	93.42	12.34	79.79
	圩内	293.3	8.03	124.64	75.69	10.92	74.02
	圩外	31.24	0.83	5.49	17.73	1.42	5.77
38	合计	318.95	35.14	157.77	27.13	3.63	95.28
	圩内	312.27	34.42	156.33	25.36	3.43	92.73
	圩外	6.68	0.72	1.44	1.77	0.2	2.55
39	合计	223.67	7.69	127.07	26.15	1.68	61.08
	圩内	216.1	7.32	125.04	24.29	1.66	57.79
	圩外	7.57	0.37	2.03	1.86	0.02	3.29
40	合计	268.85	8.75	125.54	6.53	5.44	122.59
	圩内	91.48	1.38	53.46	2.04	1.7	32.9
	圩外	177.37	7.37	72.08	4.49	3.74	89.69
41	合计	220.07	7.39	116.84	14.93	3.43	77.48
	圩内	164.02	3.77	92.11	10.78	1.79	55.57
	圩外	56.05	3.62	24.73	4.15	1.64	21.91
42	合计	208.1	4.98	124	21.29	1.81	56.02
	圩内	186.86	4.74	112.04	18.67	1.71	49.7
	圩外	21.24	0.24	11.96	2.62	0.1	6.32
43	合计	248.15	5.93	120.05	7.27	2.78	112.12
	圩内	37.15	1.4	20.02	1.58	0.28	13.87
	圩外	211	4.53	100.03	5.69	2.5	98.25
44	合计	322.4	42.86	167.34	17.93	4.65	89.62
	圩内	263.66	40.43	138.32	9.8	2.91	72.2
	圩外	58.74	2.43	29.02	8.13	1.74	17.42
45	合计	636.53	13.04	89.14	47.21	19.47	467.67
	圩内	156.58	2.85	28.98	14.93	0.43	109.39
	圩外	479.95	10.19	60.16	32.28	19.04	358.28
46	合计	421.74	8.98	230.69	24.62	13.08	144.37
	圩内	364.76	7.55	205.91	17.02	8.59	125.69
	圩外	56.98	1.43	24.78	7.6	4.49	18.68
47	合计	271.78	3.77	127.9	15.89	10.09	114.13
	圩内	263.14	3.38	124.56	14.95	9.83	110.42
	圩外	8.64	0.39	3.34	0.94	0.26	3.71
48	合计	300.77	11.51	45.04	26.45	10.93	206.84
	圩内	271.25	10.84	43.42	12.37	5.91	198.71
	圩外	29.52	0.67	1.62	14.08	5.02	8.13

续表

降雨产流分区		总面积	建设用地	水 田	水 系	塘、沟	旱 地
49	合计	205.24	2.44	101.92	10.89	8.6	81.39
	圩内	194.58	2.18	99.7	7.61	6.65	78.44
	圩外	10.66	0.26	2.22	3.28	1.95	2.95
50	合计	224.84	6.63	58.02	20.04	4.38	135.77
	圩内	215.21	6.38	56.88	18.6	2.3	131.05
	圩外	9.63	0.25	1.14	1.44	2.08	4.72
51	合计	579.35	12.1	163.57	23.05	51.72	328.91
	圩内	225.17	5.6	38.73	9.55	41.57	129.72
	圩外	354.18	6.5	124.84	13.5	10.15	199.19
52	合计	431.63	24.66	58.95	25.81	12.65	309.56
	圩内	284.13	10.58	37.85	14.71	4.38	216.61
	圩外	147.5	14.08	21.1	11.1	8.27	92.95
53	合计	489.35	13.41	68.9	34.27	10.45	362.32
	圩内	302.14	6.49	15.94	20.49	6.84	252.38
	圩外	187.21	6.92	52.96	13.78	3.61	109.94
54	合计	822.7	61.29	148.42	59.24	18.29	535.46
	圩内	447.69	28.74	33.24	31.06	3.22	351.43
	圩外	375.01	32.55	115.18	28.18	15.07	184.03
55	合计	622.21	38.45	133.32	40.02	6.24	404.18
	圩内	371.19	9.76	118.63	25.95	4.48	212.37
	圩外	251.02	28.69	14.69	14.07	1.76	191.81
56	合计	419.31	4.98	96.07	24.56	63.71	229.99
	圩内	59.96	0.43	3.78	3.82	0.33	51.6
	圩外	359.35	4.55	92.29	20.74	63.38	178.39
57	合计	437.88	8.42	81.4	27.82	1.93	318.31
	圩内	100.89	1.54	18.02	6.69	0.78	73.86
	圩外	336.99	6.88	63.38	21.13	1.15	244.45
58	合计	235.27	3.94	80.73	13.22	9.57	127.81
	圩内	0	0	0	0	0	0
	圩外	235.27	3.94	80.73	13.22	9.57	127.81
59	合计	430.58	7.08	56.48	34.53	0.91	331.58
	圩内	1.05	0.01	0.53	0.11	0.04	0.36
	圩外	429.53	7.07	55.95	34.42	0.87	331.22
60	合计	370.83	5.41	48.15	28.85	1.42	287
	圩内	0	0	0	0	0	0
	圩外	370.83	5.41	48.15	28.85	1.42	287

降雨产流分区		总面积	建设用地	水田	水系	塘、沟	旱地
61	合计	432.8	6.5	36.67	33.18	0.37	356.08
	圩内	36.17	0.8	18.24	3.52	0.11	13.5
	圩外	396.63	5.7	18.43	29.66	0.26	342.58
62	合计	400.32	31.8	140.71	35.95	1.01	190.85
	圩内	71.16	2.7	23.05	6.09	0.27	39.05
	圩外	329.16	29.1	117.66	29.86	0.74	151.8
63	合计	548.65	8.74	284.93	43.69	1.9	209.39
	圩内	0	0	0	0	0	0
	圩外	548.65	8.74	284.93	43.69	1.9	209.39
64	合计	570.62	7.21	261.87	54.24	11.16	236.14
	圩内	0	0	0	0	0	0
	圩外	570.62	7.21	261.87	54.24	11.16	236.14
65	合计	444.17	15.75	111.93	34.41	10.27	271.81
	圩内	0	0	0	0	0	0
	圩外	444.17	15.75	111.93	34.41	10.27	271.81

二、水动力学模型构建

1. 河网构建

河网构建工作是水动力学模型计算的基础，包括河网的概化、河道拓扑关系设置、断面设置等工作。里下河地区水系复杂，河流湖泊众多，总体上是平原河网水系特征，干支流河道上下游关系难以确定，特别是区域大洪大涝期间河网湖泊中水流运动状况复杂，需要对河网概化进行分析和合理设置。

经分析，确定模型直接概化的计算节点 774 个，分段河道 1578 条，总长度 7821km，其中真实河道 1243 条，还包括圩区虚拟河道 270 条，湖荡调蓄水面概化虚拟河道 65 条。

2. 断面设置

河道断面直接影响河网河道行洪能力和计算河道水位过程，此外还直接影响水系内水位-库容关系，对计算结果的真实合理性影响最大。项目中概化的所有真实河流的断面数据均采用 2010 年以后实测的最新数据，直接输入断面文件中。从断面分布图可以看出，区域内部《江苏省骨干河道名录表》中的"727"骨干河道断面密度较好，全在 1km/个精度以内，其余河道断面也在 2km/个精度以内，并且全部为实测数据。

3. 调蓄水面概化

里下河地区除了有实测断面的河道之外，还存在大量的蓄水水面，主要包括湖荡、圩区内部水面和模型中没有概化的圩外较低级别的河网。这些蓄水面在洪水涨落过程中起到蓄水作用，洪峰之后会对退水过程产生一定的影响。

（1）湖荡概化。里下河腹部地区的湖泊湖荡即湖泊湖荡保护规划中划定的自由水面（S）、1992 年后的违章圩（W）和三批滞洪圩（Ⅰ、Ⅱ、Ⅲ）。

自由水面概化为零维调蓄水面与外河网直接沟通，合计总面积为 39.08km²。

1992 年后的违章圩考虑现实情况现暂作为生产圩处理。

三批滞洪圩在洪水期作为区域滞洪区的湖泊水面，在模型中也作为零维处理，这三批滞洪圩根据省防办对里下河湖荡调度要求，当兴化水位达到 2.5m、3.0m、3.0m 以上时分别破圩滞洪，三批滞洪圩合计总面积为 439.06km²。在外河网水位较低时，滞洪圩与外河网不通，而在洪水期，当外河网水位继续涨到一定程度，根据防洪要求，圩区自然或人为破圩，起到滞蓄洪水的作用。

（2）圩外河网调蓄水面概化。里下河地区下垫面调查中圩外总水面积是 968.8km²，扣除河网模型中已概化的河网水面积 332.6km²，剩余的 636.2km² 即为圩外河网附加水面积，将这部分附加水面积作为零维调蓄水面加至外河网河道断面的调蓄水面中。经统计，里下河腹部圩外河网附加调蓄水面总面积为 160.8km²，垦区圩外河网附加调蓄水面总面积为 475.4km²。

（3）圩内调蓄水面概化。里下河地区下垫面调查中圩内总水面积是 2185km²，模型中将这部分水面积作为零维调蓄水面加至圩区模型虚拟河道的调蓄断面中。经统计，里下河腹部圩内河网调蓄水面总面积为 1881.8km²，垦区圩内河网调蓄水面总面积为 303.2km²。

三、水工建筑物模型构建

里下河地区水工建筑物众多，包括挡潮排水闸、排涝泵站、水系控制节制闸、滞洪圩进洪闸等。按照实际情况，模型中设置排水闸 27 座，排涝泵站 10 座，水系控制节制闸 35 座。

四、圩区模型构建

里下河地区共设置了 59 片圩区，将每片圩区视为单独的子流域，圩内的产汇流由水文模型耦合 MIKE11 水动力学模型进行计算。对应每个圩区，建立一条长为 1km 的虚拟河道，其上游与对应的圩区子流域连接，承接圩区子流域的降雨产流。将所有圩内河道的水面面积以额外库容的方式概化，使之与实际情况基本吻合，虚拟河道下游通过泵站、圩口闸与圩区外的骨干河道相连。

圩区闸站的调度使用规则为：每片圩区根据当地的地面高程、排涝水利工程现状等多方面因素设置一个控制水位，当与此圩区相连的圩外河网低于控制水位时，圩口闸打开，涝水由圩内通过河道自排至圩外水网，圩内水面参与外河网调蓄；当圩外水位高于控制水位时，圩口闸关闭，同时开启圩内泵站抽排涝水至外河网，此时圩内水面将不参与外河网调蓄。

为使虚拟河道能够反映出圩区实际的蓄水能力及水位变化情况，统计了各片圩区的水面面积作为模型的输入参数，各片圩区的排涝模数根据里下河腹部防洪保护区风险图项目中收集的水利普查资料中的圩区泵站统计、里下河地区各县市圩区情况调查资料统计，各分片圩区封圩控制水位取值是根据收集到的里下河地区各县（市、区）防汛调度预案中圩区警戒水位。

五、计算初始条件

初始条件是模型计算的必需条件，水动力学模型需要给定合理的初始条件值，以使模型能够稳定和准确地计算。一般情况下，需要提取实测水位、流量信息为水动力学模型提供初始计算条件。该模型中初始条件将空间上分布的实测水位数据进行河网初始水位设定，初始流量设置为零，待模型计算一段时间后流量误差即可消除。

六、计算边界条件设置

模型计算的边界条件包括内部边界条件和外部边界条件。外部边界条件包括沿江泵站上游的长江、沿海挡潮闸下的黄海潮位过程和全区域的降雨过程，内部边界条件包括各个水工建筑物的调度规则。内部边界条件的设置在前文中已经叙述，本节主要介绍水文模型与水动力学模型连接、降雨过程的计算以及潮位边界条件的设置。

1. 水文模型与水动力学模型连接

水文模型的计算结果根据情况分别以源头入流和区间入流的方式分配进入附近的河道。水文模型的径流作为河道水动力学模型的上游边界汇入河道，其中平原坡水区的汇流以线源方式汇入河道，圩区水文计算单元则统一以点源形式汇入虚拟河道的调蓄水面。

2. 面降雨计算

水文模型的每个子分区需要给定面平均降雨过程作为模型的上边界条件。模型中划分的 65 个雨量站在 1991 年以后的典型年基本都有测站控制，1954 年、1962 年、1965 年等雨型因测站个数稀少，需根据实际情况，采用缺测站邻近的几个雨量站降雨量内插值来代替面雨量。

3. 潮位边界条件设置

里下河地区河网数学模型的出口共设置 29 个潮位边界，将 7 个站点排涝潮型的单位过程来拟合实测的高低潮位过程，将其作为挡潮闸下的潮位边界条件，各潮位站插值后的潮位过程所代表的排涝闸分组见表 7-11。

表 7-11　　里下河潮位边界编组

潮 位 站	河 道 边 界 编 组
射阳河闸（闸下）	射阳河、夸套河、八丈河、运粮河、射阳港、运棉河、黄沙港、利民河
新洋港闸（闸下）	新洋港、西潮河
斗龙港闸（闸下）	斗龙港、南直河、大丰干河、四卯西河

续表

潮 位 站	河 道 边 界 编 组
王港新闸（闸下）	王港、竹港、川东港
东台河闸（闸下）	东台河、梁垛河、三仓河
小洋口闸（闸下）	方塘河、北凌河、栟茶运河、掘苴河、如泰运河
三江营	泰州引江河、芒稻河

　　沿海四港闸下实测潮位只有每日两高两低潮位，没有全潮过程。模型将沿海四港闸下的排涝潮型作为单位潮位过程，利用各站两高两低潮位值去拟合潮位过程来作为模型计算的边界条件，拟合的射阳河闸 2003 年梅雨期潮位线过程线如图 7 - 5 所示。

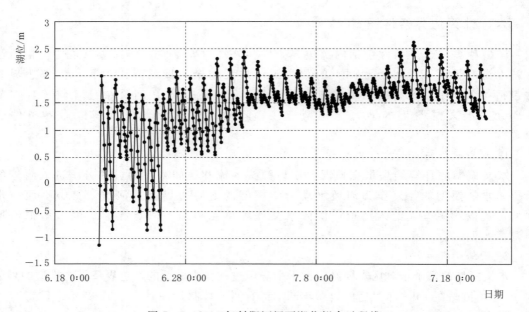

图 7 - 5　2003 年射阳河闸下潮位拟合过程线

第五节　模 型 率 定 验 证

一、典型年选择

　　里下河地区历史上洪涝灾害频繁，中华人民共和国成立至今共发生过 1954 年、1962 年、1965 年、1991 年、2003 年、2006 年、2007 年大暴雨造成的洪涝灾害。在这些洪涝灾害之后进行了大规模的区域治理，区域下垫面和工情、水情均发生了较大变化。考虑到模型计算工情恢复的可操作性，该模型的率定验证工作选取近期发生的 2003 年、2006 年和 2007 年三个大水年进行。

2003 年里下河地区 6 月 21 日入梅，入梅后发生连续降雨，至 7 月 21 日出梅，主要暴雨过程发生在 6 月 29 日—7 月 5 日及 7 月 8—10 日，尤以第一场暴雨量大，降雨中心在中部，宝应站次雨量 361.9mm。兴化站最高水位 3.24m，低于 1991 年水位，盐城站水位 2.66m，与 1991 年持平，射阳镇、建湖、阜宁最高水位均高出 1991 年，出现超历史水位。

2006 年里下河地区 6 月 21 日入梅，7 月 12 日出梅，梅雨期 22 天，先后发生 6 月 21—24 日和 6 月 29 日—7 月 4 日两次暴雨。梅雨期暴雨中心在中北部，沙沟站降雨量为 530.6mm，射阳镇雨量为 510.7mm，宝应雨量大于 450mm；南部梅雨量较小，新通扬运河沿线仅 230mm。受梅雨期强降雨影响，里下河地区水位急剧上涨，最高水位大多出现在 7 月 5 日左右，其中兴化站最高水位为 3.01m，建湖 2.87m，射阳镇 3.28m，低于 2003 年最高水位，但盐城、阜宁等站出现了超历史水位。

2007 年里下河地区 6 月 19 日入梅，7 月 24 日出梅，梅雨期 36 天。梅雨期降雨总量为 421.1mm，大于 2006 年，小于 2003 年和 1991 年。降雨强度除斗南地区大于 2006 年，小于 2003 年和 1991 年外，其他地区均小于 2006 年、2003 年和 1991 年。受降雨影响，里下河地区水位从 6 月 27 日起急剧上涨，在 7 月 10 日附近水位涨至最高。兴化、建湖、盐城、阜宁、射阳镇最高水位分别为 3.13m、2.70m、2.50m、2.28m、3.19m，仅次于 2006 年、2003 年、1991 年。

根据统计，2003 年大水期间里下河三批滞洪圩依据省防办调度指令分批滞洪，共有 233 个滞洪圩启用，合计滞洪面积为 425.33km^2，滞洪圩调度较为复杂。2006 年和 2007 年滞洪圩只有少部分启用，调度情况相对简单。因此，选择 2006 年为率定年份，2007 年作为主要验证年份，2003 年作为次验证年份。

二、模型率定及验证

1. 基本资料

本次率定验证主要对 2006 年、2007 年和 2003 年梅雨期的水位、流量进行率定。主要资料包括 2006 年、2007 年和 2003 年的实测降雨、蒸发、水位、潮位、流量等资料，水文局汛期巡测、水情分析材料和里下河地区有关单位科技项目成果。

2. 洪水场次选择

2006 年里下河地区梅雨期间共发生两次降水，第一次发生在 6 月 21—24 日，面雨量为 71.9mm，降雨中心在中部；第二次降雨发生在 6 月 29 日—7 月 4 日，面雨量为 292.4mm，降雨中心在中北部。本次率定计算时期选择 6 月 21 日入梅后的 30 天，可涵盖两次降雨过程。

2007 年里下河地区面梅雨量为 432.1mm，降雨中心分布在腹部区及斗南区的北部，最大 15 日点雨量陆庄站为 522.6mm，其次是沈灶站 488mm。本次验证计算时期选择 6 月 19 日入梅后的 30 天，基本涵盖了当年梅雨期主要降雨过程。

2003 年，里下河地区梅雨量为 500～700mm，降雨中心偏于北部，宝应站为

772.3mm。本次验证计算时期选择 6 月 21 日入梅后的 30 天，涵盖了当年梅雨期的降雨过程。

3. 模型率定验证

(1) 产流分析。将本次产流计算的下垫面还原成用 2000 年水资源综合规划的成果来进行 2003 年的产流计算，两项成果的下垫面、径流系数对比见表 7 - 12。由表可见，两项成果的误差在±5% 以内，说明本次水文模型的产流计算成果合理。

表 7 - 12 里下河地区 2003 年产流计算成果

代表年	起止日期 /（月．日）	水利分区	面雨量 /mm	径流深 /mm	产水量 /亿 m³	径流系数	水文局 径流系数	误差/%
2003	6.21—7.20	腹部	562	434	50.81	0.77	0.79	2.18
		斗北	575	376	14.07	0.65	0.63	−3.53
		斗南	430	279	15.5	0.65	0.62	−4.56

(2) 汇流分析。模型率定验证计算时间均为入梅后的 30 天，分别是 2006 年 6 月 21 日计算至 7 月 20 日结束，2007 年 6 月 19 日计算至 7 月 18 日结束，2003 年 6 月 21 日计算至 7 月 20 日结束，共选取 22 个水位代表站进行率定验证。这些水位站点面上分布均匀，并且实测资料质量可靠、系列较长，可全面反映里下河地区面上水位分布特征，各站的起始水位采用起算日的实测值。

汇流分析主要是将计算区域内的主要代表站的水位与实测水位进行对比分析，包括水位过程、洪峰值及出现时间，具体水位率定验证成果见表 7 - 13～表 7 - 15 和图 7 - 6～图 7 - 8。

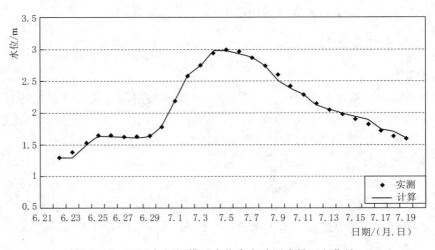

图 7 - 6 2006 年河网模型水位率定验证成果（兴华站）

由图表可见，模型计算的大部分站点水位计算与实测值之间误差在±0.10m 以内，计算的洪水涨落过程与实际情况拟合较好，模型计算基本能反映本地区的洪水汇流水力特性。

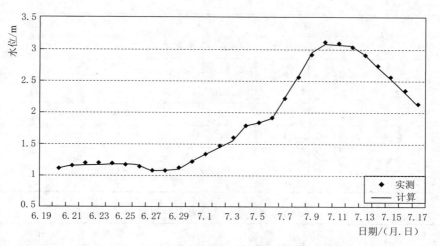

图 7-7 2007 年河网模型水位率定验证成果（兴华站）

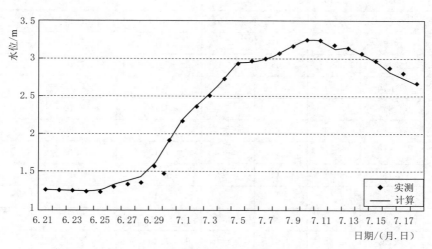

图 7-8 2003 年河网模型水位率定验证成果（兴华站）

表 7-13 2006 年主要站点水位率定成果

编 号	水位站	最高水位值 / m			最高水位出现日期		
		实测	计算	差值	实测/（月．日）	计算/（月．日）	相差天数/d
1	兴化	3.02	2.99	−0.03	7.5	7.4	−1
2	三垛	2.98	3.01	0.03	7.5	7.5	0
3	沙沟	3.02	2.99	−0.03	7.5	7.5	0
4	溱潼	2.79	2.85	0.06	7.5	7.5	0
5	黄土沟	3.07	3.05	−0.02	7.5	7.5	0
6	射阳镇	3.29	3.27	−0.02	7.5	7.5	0

编 号	水位站	最高水位值 / m			最高水位出现日期		
		实测	计算	差值	实测/(月．日)	计算/(月．日)	相差天数/d
7	建湖	2.87	2.88	0.01	7.5	7.4	-1
8	盐城	2.66	2.72	0.06	7.5	7.5	0
9	老阁	2.89	2.91	0.02	7.5	7.5	0
10	泰州	2.51	2.55	0.04	7.5	7.5	0
11	阜宁	2.51	2.49	-0.02	7.5	7.5	0
12	大团	2.70	2.76	0.06	7.5	7.5	0

表 7 - 14　　　　　　　　　　　2007 年主要站点水位验证成果

编 号	水位站	最高水位值 / m			最高水位出现日期		
		实测	计算	差值	实测/(月．日)	计算/(月．日)	相差天数/d
1	兴化	3.13	3.10	-0.03	7.10	7.10	0
2	三垛	3.22	3.21	-0.01	7.10	7.10	0
3	沙沟	2.96	2.94	-0.02	7.11	7.11	0
4	溱潼	3.05	3.06	0.01	7.10	7.10	0
5	黄土沟	2.97	2.93	-0.04	7.10	7.10	0
6	射阳镇	3.19	3.18	-0.01	7.10	7.10	0
7	建湖	2.64	2.62	-0.02	7.9	7.9	0
8	盐城	2.45	2.48	0.03	7.10	7.10	0
9	老阁	3.11	3.14	0.03	7.10	7.10	0
10	泰州	2.90	3.01	0.11	7.10	7.10	0
11	阜宁	2.23	2.21	-0.02	7.8	7.9	1
12	大团	2.66	2.65	-0.01	7.10	7.10	0

表 7 - 15　　　　　　　　　　　2003 年主要站点水位验证成果

编 号	水位站	最高水位值 / m			最高水位出现日期		
		实测	计算	差值	实测/(月．日)	计算/(月．日)	相差天数/d
1	兴化	3.25	3.26	0.01	7.11	7.11	0
2	三垛	3.30	3.26	-0.04	7.11	7.11	0
3	沙沟	3.21	3.26	0.05	7.12	7.12	0
4	溱潼	3.11	3.15	0.04	7.11	7.11	0
5	黄土沟	3.22	3.21	-0.01	7.12	7.13	1
6	射阳镇	3.38	3.36	-0.02	7.12	7.12	0
7	建湖	2.84	2.84	0.00	7.11	7.11	0

编 号	水位站	最高水位值 / m			最高水位出现日期		
		实测	计算	差值	实测/(月.日)	计算/(月.日)	相差天数/d
8	盐城	2.65	2.66	0.01	7.11	7.11	0
9	老阁	3.20	3.19	−0.01	7.11	7.11	0
10	泰州	2.93	2.94	0.01	7.11	7.11	0
11	阜宁	2.42	2.47	0.05	7.13	7.13	0
12	大团	2.74	2.76	0.02	7.11	7.11	0

（3）潮位边界下沿海港闸过闸流量计算。沿海挡潮闸排水流量计算中，在模型中选用 Control Structures 模块采用堰流公式根据建筑物上下游潮位差进行模拟计算。由于里下河沿海地区挡潮闸入海流量受上游闸上河网水位、下游潮汐变化、建筑物控制运用调度方式以及河道港闸冲淤积变化的多种因素影响，十分复杂。

在模型率定验证工作中区域外排四港（射阳河、黄沙港、新洋港和斗龙港）流量采用实测流量过程，能较好地反映区域实际出水情况。

三、成果分析

1. 产流计算成果分析

通过与江苏省水文局《里下河地区暴雨与排水研究》中的径流系数成果对比验证，水文模型计算的产流成果总体合理。2006 年、2007 年和 2003 年三个大水年梅雨期 30 天降雨径流系数为 0.67~0.90，其中腹部径流系数略大于斗南、斗北垦区。定性分析里下河地区的下垫面分布特点，由于腹部地区的水面面积大于垦区、而旱地面积又小于垦区，因此计算得到的腹部地区的径流系数大于垦区是合理的。

2. 汇流计算成果分析

总体来看，模型计算的大部分站点计算最高水位与实测值之间误差在 ±0.10m 以内，计算的洪水涨落过程与实际情况拟合基本较好，模型计算基本能反映本地区的洪水汇流水力特性。

从 2006 年、2007 年和 2003 年这三个大水年 22 个水位站的实测水位与模型计算水位最大值对比来看，射阳镇建湖、老阁、兴化站点误差较小，兴化站误差为 −0.03~0.01m，这是因为这 3 个站点位于区域最中心，且周边可调蓄的湖泊水面众多，这些节点水位涨落过程比较缓和。泰州（泰）站总体偏高，这是因为该站点水位受高港和江都两个抽水站运行影响较大，水位过程不稳定。

从 2006 年、2007 年和 2003 年这三个大水年 22 个水位站的实测水位与模型计算水位涨落过程来看，反映出模型涨水期计算水位过程拟合稍差，而退水期计算水位拟合比较稳定的特征，这与里下河地区暴雨后涨水期水利工程和滞洪圩控制调度运用复杂，河网水流流向混乱有关。从最高水位出现的时间来看，大部分站点计算最大值出现日期与实际基本吻合。

第六节　工程案例计算分析——规划工程效果分析

里下河治理一直坚持"上抽、中滞、下排"的治理方针，巩固、扩大、延伸骨干自排入海通道，提高下排能力和受益范围；重点推进腹部退圩还湖工程，恢复、巩固湖荡滞蓄能力；新辟北部快速排水通道和下移挡潮闸，改善自排区中下游围水区排水条件；结合区域供水建设周边排水泵站，加强圩区建设与管理，遇超标准洪水实施圩区限排调度，并利用部分低洼圩区滞蓄；畅通内部河网，提高调度能力。

一、治理标准

1. 治理标准

按照总体规划、分期实施的原则，为适应经济社会发展对防洪除涝减灾水安全要求，结合里下河地区洪涝治理实际，拟分阶段选用不同雨型，逐步提高防洪除涝标准。

规划近期选用 1991 年型，基本达到排涝 10 年一遇、防洪 20 年一遇标准。远期选用 2006 年、2007 年型，全面达到排涝 10 年一遇、防洪 20 年一遇标准。

2. 设计水位

防洪除涝设计水位的确定是在以往规划成果基础上，通过分析区域地形特点、已建工程防洪能力、工情水情变化、控制水位站的历史特征值和频率分析成果以及地方防汛实践等多种因素综合权衡确定。

（1）排涝设计水位。河网排水设计水位与地面高程、圩口闸、圩区内部动力、骨干河道排水等众多因素有关。从近几十年的实践看，当兴化水位在 2.0m 以下时，里下河地区大面积均可保收；在 2.5m 以下时，除部分地区有影响外，遇中小洪涝水一般大部分地区生产稳定。

本次规划考虑到全省实现水利现代化社会、环境、国民经济发展要求，都需要将水位治理在一定标准下，以实现不打乱经济生活和社会生活大局的目标。规划工情以兴化水位 2.5m 等作为河网排涝设计水位较适宜。此水位状况与现有工程体系相适应，自灌区坡地可自排，次高地不受涝，圩区涝水可按设计标准正常排出，湖荡地区不启用滞洪圩。

（2）防洪设计水位。里下河地区的圩堤是防御区域性洪水的阵地，圩堤建设一直是以防御历史最高洪水位为标准的，南部地区的历史最高水位发生在 1991 年，北部大部分地区的历史最高水位发生在 2006 年。1991 年大水后，各地在加高加固圩堤时提出了"四五四"标准，即按堤顶高程 4.5m、堤顶宽度 4m 修筑。

本次规划考虑到城镇建设、交通、能源等各方面发展要求，规划工情在湖荡退圩还湖充分调蓄和滞洪的基础上，努力扩大外排，降低最高水位，拟按低于各地历史最高水位设定防洪设计水位，规划外排规模。在现状及规划工程实施过程中，圩堤防洪仍需参照各地历史最高水位作为校核。

里下河地区主要代表站设计水位见表 7-16。

表 7 - 16　　　　　　　　　　里下河地区主要代表站设计水位　　　　　　　　　单位：m

代表站	外河网排涝设计水位	圩堤防洪水位	历史最高水位
溱潼	2.50	3.10	3.37
兴化	2.50	3.10	3.35
三垛	2.60	3.15	3.41
射阳镇	2.60	3.00	3.38
盐城	2.00	2.50	2.66
建湖	2.20	2.70	2.87
阜宁	1.90	2.40	2.51
通洋港	1.40	1.80	2.11

二、设计暴雨

1. 基本资料

分析所依据的资料来源于国家统一刊布的淮河流域水文年鉴中实测雨量资料及 20 世纪 80 年代中期部分汛期巡测站雨量资料。

里下河地区雨量站的布设经历了几个阶段，自 1951 年的 12 个站发展到现状 50 个站，站网密度从 1970 年起满足规范要求。统计实测降雨量系列历时最长的是自 1951 年至 2014 年共 64 年，实测降雨量系列历时最短的是自 1979 年至 2014 年共 36 年，观测年数均大于 30 年。经不同资料系列代表性分析对比，都在一倍抽样分布均方差以内，样本比较稳定。

2. 暴雨频率分析

里下河地区地形平坦，雨量站分布均匀，采用算术平均法计算逐年不同历时的最大面平均雨量。根据里下河地区暴雨特性和防洪除涝分析需要，统计选样采用定时段年最大值选样的方法，计算历年最大 1 日、3 日、7 日、15 日、30 日，并对 1978 年以前面雨量采用相关分析法修正，精度满足规划设计要求。频率曲线采用皮尔逊 Ⅲ 型。里下河全区及各分区不同时段频率面雨量和典型年面雨量见表 7 - 17～表 7 - 21。

表 7 - 17　　　　　里下河全区最大 1 日、3 日、7 日、15 日、30 日设计面雨量

时段/日	计 算 参 数			不同频率设计面雨量/mm					
	均值/mm	C_v	C_s/C_v	5 年一遇	10 年一遇	20 年一遇	50 年一遇	100 年一遇	200 年一遇
1	67.74	0.39	3.5	86.5	103.1	118.8	138.9	153.6	168.1
3	106.8	0.40	3.5	137.0	164.0	189.7	222.5	246.6	270.4
7	153.4	0.44	3.0	201.7	243.7	283.5	333.9	370.9	407.3
15	219.8	0.42	3.0	286.7	343.5	397.0	464.6	514.0	562.5
30	315.2	0.37	3.0	401.9	471.5	536.2	617.1	675.8	733.1

表 7-18　　　　　腹部地区最大 1 日、3 日、7 日、15 日、30 日设计面雨量

时段/日	计 算 参 数			不同频率设计面雨量/mm					
	均值/mm	C_v	C_s/C_v	5 年一遇	10 年一遇	20 年一遇	50 年一遇	100 年一遇	200 年一遇
1	70.6	0.35	3.5	88.6	103.7	117.9	135.8	148.8	161.6
3	108.4	0.37	3	138.2	162.2	184.4	212.2	232.4	252.1
7	154.3	0.45	3	203.7	247.1	288.3	340.7	379.2	417.1
15	219.3	0.5	3	295	365.5	433.2	520.1	584.5	648
30	312.2	0.42	3	407.2	487.9	563.8	659.8	730	798.9

表 7-19　　　　　斗北地区最大 1 日、3 日、7 日、15 日、30 日设计面雨量

时段/日	计 算 参 数			不同频率设计面雨量/mm					
	均值/mm	C_v	C_s/C_v	5 年一遇	10 年一遇	20 年一遇	50 年一遇	100 年一遇	200 年一遇
1	84.7	0.45	3.5	110.6	141.2	159.4	190.3	213.3	236.0
3	122.3	0.47	3.5	160.7	198.5	235.3	282.9	318.5	353.7
7	171.7	0.48	3	229.4	281.8	331.9	396	443.3	489.9
15	233.9	0.41	3	303.7	362.4	417.5	486.9	537.7	587.3
30	326.7	0.39	3	420.5	497.5	569.5	659.8	725.6	789.9

表 7-20　　　　　斗南地区最大 1 日、3 日、7 日、15 日、30 日设计面雨量

时段/日	计 算 参 数			不同频率设计面雨量/mm					
	均值/mm	C_v	C_s/C_v	5 年一遇	10 年一遇	20 年一遇	50 年一遇	100 年一遇	200 年一遇
1	77.3	0.5	3.5	102.5	137.0	153.7	186.8	211.5	236.1
3	119.2	0.44	3	156.8	189.5	220.4	259.5	288.3	316.6
7	166.6	0.41	3	216.3	258.1	297.3	346.8	382.9	418.3
15	235.7	0.37	3	300.5	352.3	400.5	460.8	504.5	547.2
30	326.1	0.37	3	415.9	487.9	554.9	638.5	699.3	758.6

表 7-21　　　　　里下河腹部地区典型年不同时段面雨量重现期

时 段	1991 年		2006 年		2007 年	
	面雨量/mm	重现期/年	面雨量/mm	重现期/年	面雨量/mm	重现期/年
最大 3 日	214.2	35	204.5	34	184.1	18
最大 7 日	377.0	70	297.5	18	286.7	17
最大 15 日	599.8	120	385.1	12	368.8	10
最大 30 日	726.0	75	460.5	8	438.1	7

3. 设计典型年

中华人民共和国成立后，里下河地区曾发生 7 次大洪大涝，其中 1962 年、1965 年大洪大涝都是台风暴雨形成的，1954 年、1991 年、2003 年、2006 年、2007 年大洪大涝则是梅雨形成的。2004 年规划经分析比较，研究确定防洪除涝计算选用 1991 年作为设计典

型年。

本次规划则重点对比了 1991 年型与其后发生的三场大水年型，通过降雨产汇流和河网水动力耦合模型进行洪水验算，推算不同年型和设计时段区域内代表站最高水位，分析表明 2007 年型对于南部地区、2006 年型对于北部地区，其暴雨时空分布、暴雨强度均比 1991 年型恶劣，具体成果见表 7-22。

表 7-22　　　　　　　　　　　里下河地区不同设计雨型计算成果

项　目		10　年　一　遇			20　年　一　遇		
		1991 年型	2006 年型	2007 年型	1991 年型	2006 年型	2007 年型
主要节点 水位/m	溱潼	2.70	2.59	2.90	3.06	2.93	3.24
	兴化	2.69	2.70	2.91	3.04	3.03	3.23
	三垛	2.73	2.72	3.03	3.08	3.04	3.35
	射阳镇	2.60	2.77	2.72	2.93	3.07	3.01
	盐城	2.23	2.42	2.27	2.47	2.71	2.54
	建湖	2.44	2.59	2.40	2.69	2.89	2.68
	阜宁	2.40	2.42	2.07	2.65	2.71	2.33
	通洋港	1.99	1.94	1.61	2.19	2.17	1.78

4. 设计暴雨过程

根据分析，里下河地区形成洪涝灾害主要受 7～15 日雨量控制。按《水利水电工程设计洪水计算规范》(SL 44—2006) 要求，不同重现期降雨过程均由各实况雨型通过最大 7 日和最大 15 日雨量同频率缩放取得，计算期统一为 30 日。

(1) 1991 年型。1991 年梅雨期，5 月 21 日—7 月 15 日，长达 56 日，分为两个阶段。第一阶段的影响到 6 月 27 日已基本消除，各地水位退到汛期正常水位。形成洪涝灾害主要是 6 月 28 日—7 月 15 日的第二阶段降雨，各地最高水位出现在 7 月 10—16 日，因此，采用第二阶段降雨过程作为设计暴雨典型过程，如图 7-9 所示。

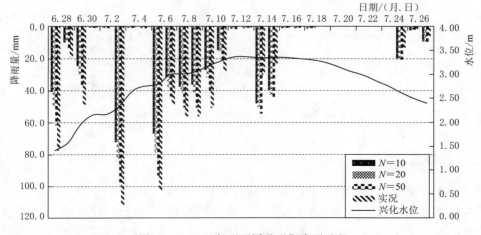

图 7-9　1991 年型不同重现期降雨过程

（2）2006 年型。2006 年梅雨期，6 月 21 日—7 月 12 日，梅雨时间 22 日，降雨中心在北部地区黄土沟、射阳镇、沙沟、古殿堡、大丰一线，且第二次强降雨过程发生在 6 月 29 日—7 月 4 日，占梅雨总量 70％以上，雨量相对比较集中，如图 7-10 所示。

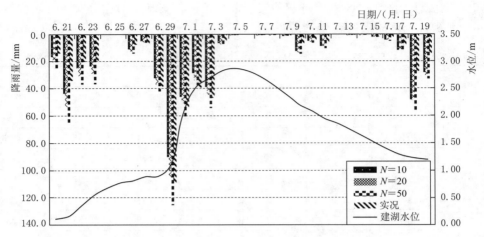

图 7-10　2006 年型不同重现期降雨过程

（3）2007 年型。2007 年梅雨期，6 月 19 日—7 月 24 日，梅雨时间达 36 日，降雨中心分布在腹部地区及斗南地区的北部，第二次强降雨过程发生在 7 月 2—8 日，占梅雨总量的 60％以上，雨量相对比较集中，如图 7-11 所示。

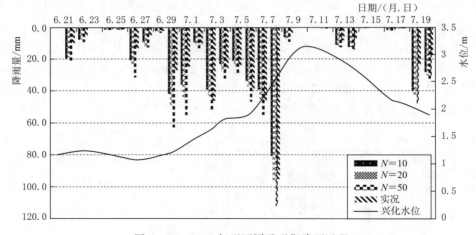

图 7-11　2007 年型不同重现期降雨过程

三、治理思路

里下河腹部及斗北地区的防洪除涝治理规划总体布局思路是：重点恢复湖荡中滞功能、适度增加上抽动力、继续扩大下排能力。工程布局：一是通过退圩还湖工程恢复腹部湖荡自由水面约 486km² ，增强湖荡滞洪削峰作用；二是结合供水工程适度增加北坍站等上抽能力，减轻下游地区洪涝压力；三是继续扩大下排能力，拓浚射阳河永兴段、新洋港上游的蟒蛇河上段及斗龙港中段的卡口段，建设北部串通河-新民河、海河-通洋港两条快速排水通道，适时下移新洋港闸、射阳河闸；四是结合供水通道和航道整治工程建设，加强区域内部河网整治与沟通，加快区域汇水排水速度；五是拟扩大高港站抽排规模，发挥泰州引江河二期河道排水潜力，在区域除涝标准全面达到 10 年一遇的基础上，研究区域防洪目标从 20 年一遇向 50 年一遇过渡的工程安排。

四、治理措施

里下河地区规划治涝近、远期治理措施主要见表 7-23。

表 7-23　　　　　　　　里下河腹部及斗北地区近、远期规划工程

工　情	工　程　状　况
现状	射阳河、新洋港江河支流治理、川东港、泰州引江河二期已实施
近期	(1)治淮洼地项目：黄沙港南段及建湖越城段；穿荡河道治理下官河、白马湖下游引河、杨家河、宝射河下段、大三王河(宝射河-射阳湖镇)、大溪河下段、向阳河下段、宝应大河、潮河、马家荡等；四港及 328 国道沿线病险涵闸除险加固；四港闸下清淤船等治理工程等
	(2)实施 41 个湖荡退圩还湖工程，共计形成 486km² 自由水面：兰亭荡、琵琶荡、兴盛荡、大纵湖、洋汊荡、蜈蚣湖、蜈蚣湖南荡、平旺湖、林湖、乌巾荡、得胜湖、癞子荡、射阳湖、绿草荡、夏家荡、沙村荡、刘家荡、九里荡、大凹子圩、獐狮荡、内荡、东荡、广洋湖、官庄荡、王庄荡、郭正湖、花粉荡、沙沟南荡、东潭、耿家荡、菜花荡、官垛荡、司徒荡、白马荡、崔印荡、唐墩荡、陈堡草荡、绿洋湖、夏家汪、喜鹊湖、龙溪港
	(3)区域防洪除涝重点工程：新洋港闸下移等
	(4)内部河网疏浚：营沙河北段、芦东河南段、横泾河、南澄子河、蚌蜒河、俞西河、姜溱河、塘河、岔溪河、大马沟、小涵河(老通扬运河-丁伙套闸)、西潮河、南直河等
远期	(1)区域防洪除涝重点工程：射阳河永兴段、西塘河-北塘河整治、东塘河-渔深沟整治、海河-通洋港整治、串通河-新民河整治、射阳河闸下移；蟒蛇河上段整治；斗龙港中段整治及闸下移；黄沙港闸拆建；利民河整治及闸下移；淮安、滨海次高地治理；高港站扩建工程(300m³/s)等
	(2)水源工程及骨干输水线路：新通扬运河(宜陵至九里沟段)；卤汀河二期工程、沙黄河、上官河、朱沥沟、西塘港-东涡河、盐靖河-冈沟河整治工程；三阳河二期、大三王河二期工程；野田河、龙耳河、运棉河上段、利民河上段等
	(3)内部河网疏浚：涧沟河、北澄子河、雌港-雄港、海沟河、李中河、渔滨河、窑头河、兴盐界河、瓦南河、安时河、大潼河、廖家沟、八丈河、新生河、利民河等

五、治理效果分析

1. 水文水利计算

(1) 计算条件。

1) 雨区划分。以省级水文雨量站为基础，按泰森多边形法则划分雨区，即一个雨量站为一个雨区，里下河地区共划为 65 个雨区。计算时各区产汇流与河网模型耦合。

2) 概化河网。计算河网由全区域县一级以上骨干河道组成。本次共建立了 774 个节点，核对充实 1243 条河段的基本要素，并全部采用实测断面。应用模型对 2003 年、2006 年、2007 年大水进行了实况模拟，验证了河网模型在里下河地区处于高水位状态下的合理性。

3）湖荡及河网调蓄能力。在河网计算中考虑了现有湖荡和已开发利用可滞蓄的湖荡地区水面积。经 2015 年修测 1/10000 湖荡地形图量算，并整理了部分地区的退圩还湖实施情况，将不同水位的湖荡滞洪滞涝面积、圩外河网和低水位时未封圩状况下的圩内河网一并计算，修订成各区水位与河网调蓄面积的关系曲线。

通过测图量算，目前尚有湖荡面积 60.7km²。计算分析时考虑按苏政发〔1992〕44 号文所定计划执行，将湖荡分为三批滞洪滞涝，包括现有湖荡在内面积共为 640.3km²。

4）圩内抽排能力及调度。经调查统计，现状腹部圩区排涝模数为 1.04m³/(s·km²)，垦区圩区排涝模数为 0.90m³/(s·km²)；远期城市圩区按照 20 年一遇标准、农区根据各县市圩区建设规划要求设置排涝模数。圩区排水调度执行 2017 年省防指下发的里下河地区洪涝调度方案，即当兴化水位超过 3.1m 或建湖水位超过 2.7m 时农业圩区限排，外河水位涨至接近历史最高水位时应停排。

5）其他计算边界条件。里下河地区的沿海河道下边界采用设计排涝潮型。对边界泵站，根据其运用调度条件设置；通榆河斗南沿线外排小站考虑与垦区错峰，在兴化水位超过 2.5m 时启用，通榆河滨海、大套等外排泵站考虑与垦区错峰，在阜宁水位超过 1.3m 时启用。

（2）计算成果。经河网模型计算，不同重现期里下河腹部及斗北地区主要代表站最高水位和骨干河道外排流量计算成果分析见表 7-24～表 7-27。

表 7-24　　　　　　　　　　　　　　　1991 年雨型计算成果分析

雨　　型		1991 年型						
标　　准		5 年一遇	10 年一遇			20 年一遇		
计算结果		现状	现状	近期	比现状增减	现状	近期	比现状增减
主要节点水位/m	溱潼	2.19	2.57	2.36	−0.21	2.92	2.70	−0.22
	三垛	2.23	2.59	2.35	−0.24	2.94	2.70	−0.24
	兴化	2.20	2.55	2.34	−0.21	2.91	2.68	−0.23
	盐城	1.97	2.18	1.93	−0.25	2.41	2.15	−0.26
	射阳镇	2.34	2.53	2.32	−0.21	2.77	2.56	−0.21
	建湖	2.16	2.36	2.16	−0.20	2.59	2.39	−0.20
	阜宁	2.15	2.34	2.17	−0.17	2.53	2.38	−0.15
	通洋港	1.80	1.93	1.82	−0.11	2.07	1.95	−0.12
腹部地区最大日均排涝流量/(m³/s)	射阳河	421	530	431	−99	577	532	−45
	黄沙港	194	226	195	−31	253	231	−22
	新洋港	359	419	546	127	481	606	125
	斗龙港	171	209	205	−4	254	241	−13
	川东港	181	218	171	−47	237	209	−28
	串通河	13	17	13	−4	19	17	−2

雨　　型		1991　年型						
标　　准		5年一遇	10年一遇			20年一遇		
计算结果		现状	现状	近期	比现状增减	现状	近期	比现状增减
腹部地区最大日均排涝流量/(m³/s)	海河	37	50	42	−8	56	53	−3
	潭洋河	12	12	23	11	13	24	11
	外排合计	1388	1681	1626	−55	1890	1913	23
腹部地区排水量/亿 m³	射阳河	8.44	9.12	8.28	−0.84	9.80	9.01	−0.79
	黄沙港	2.95	3.78	3.35	−0.43	4.34	3.69	−0.65
	新洋港	6.34	7.43	9.8	2.37	8.51	10.88	2.37
	斗龙港	2.76	3.37	3.23	−0.14	4.02	3.85	−0.17
	川东港	1.83	2.31	1.75	−0.56	2.81	2.18	−0.63
	串通河	0.17	0.20	0.17	−0.03	0.24	0.20	−0.04
	海河	0.45	0.50	0.43	−0.07	0.64	0.50	−0.14
	潭洋河	0.12	0.16	0.28	0.12	0.21	0.33	0.12
	合计	23.06	26.87	27.29	0.42	30.57	30.64	0.07
全区排水量/亿 m³	射阳河	13.16	14.68	13.15	−1.50	16.45	14.57	−1.88
	黄沙港	2.95	4.12	3.30	−0.82	4.70	3.74	−0.96
	新洋港	7.34	8.4	11.74	3.34	9.57	12.9	3.33
	斗龙港	2.84	3.43	2.70	−0.73	4.09	3.24	−0.85
	川东港	4.20	5.07	4.55	−0.52	5.94	5.35	−0.59
	合计	30.49	35.7	35.44	−0.26	40.75	39.8	−0.95
2.5m 水位以上围水时间/d	兴化	0	2	0	−2	7	3	−4
	射阳镇	0	0	0	0	9	2	−7
	流均	0	1	0	−1	10	3	−7

表 7-25　　　　　　　　　　　2006 年雨型计算成果分析

雨　　型		2006　年型									
标　　准		5年一遇	10年一遇					20年一遇			
计算结果		现状	现状	近期	比现状增减	远期	比现状增减	现状	近期	比现状增减	远期	比现状增减
主要节点水位/m	溱潼	2.06	2.39	2.16	−0.23	1.93	−0.46	2.69	2.45	−0.24	2.25	−0.44
	三垛	2.21	2.51	2.25	−0.26	2.09	−0.42	2.82	2.57	−0.25	2.39	−0.43
主要节点水位/m	兴化	2.19	2.49	2.25	−0.24	2.08	−0.41	2.79	2.56	−0.23	2.38	−0.41
	盐城	2.07	2.34	2.04	−0.30	1.83	−0.51	2.52	2.28	−0.24	2.05	−0.47
	射阳镇	2.43	2.62	2.36	−0.26	2.18	−0.44	2.81	2.61	−0.20	2.46	−0.35
	建湖	2.24	2.50	2.23	−0.27	2.03	−0.47	2.65	2.48	−0.17	2.27	−0.38
	阜宁	2.13	2.41	2.15	−0.26	1.90	−0.51	2.54	2.38	−0.16	2.10	−0.44
	通洋港	1.82	2.00	1.83	−0.17	1.36	−0.64	2.10	1.98	−0.12	1.52	−0.58

续表

雨　型		2006 年型										
标　准		5年一遇	10年一遇					20年一遇				
计算结果		现状	现状	近期	比现状增减	远期	比现状增减	现状	近期	比现状增减	远期	比现状增减
腹部地区最大日均排涝流量/(m³/s)	射阳河	506	578	495	−83	566	−12	597	558	−39	620	23
	黄沙港	230	279	213	−66	206	−73	287	259	−28	271	−16
	新洋港	405	491	566	75	556	65	523	636	113	623	100
	斗龙港	168	219	183	−36	184	−35	247	226	−21	231	−16
	川东港	148	195	132	−63	92	−103	215	173	−42	132	−83
	串通河	14	18	13	−5	134	116	20	17	−3	149	129
	海河	35	53	31	−22	42	−11	57	51	−6	56	−1
	潭洋河	13	18	20	2	25	7	25	27	2	21	−4
	外排合计	1519	1851	1653	−198	1805	−46	1971	1947	−24	2103	132
腹部地区排水量/亿 m³	射阳河	7.86	8.51	7.74	−0.77	9.19	0.68	9.21	8.21	−1.00	9.77	0.56
	黄沙港	3.11	3.37	3.08	−0.29	4.11	0.74	3.91	3.70	−0.21	4.36	0.45
	新洋港	5.84	6.67	9.17	2.51	8.74	2.07	7.62	10.02	2.40	9.40	1.78
	斗龙港	2.33	2.82	2.67	−0.15	2.68	−0.14	3.41	3.18	−0.23	3.04	−0.37
	川东港	1.45	1.74	1.29	−0.45	0.94	−0.80	2.19	1.59	−0.60	1.10	−1.09
	串通河	0.16	0.19	0.16	−0.03	2.18	1.99	0.22	0.18	−0.04	2.33	2.11
	海河	0.44	0.54	0.44	−0.10	1.10	0.56	0.64	0.49	−0.14	1.14	0.50
	潭洋河	0.07	0.14	0.24	0.10	0.33	0.19	0.18	0.27	0.09	0.37	0.19
	合计	21.26	23.98	24.79	0.81	29.27	5.29	27.38	27.64	0.26	31.51	4.13
全区排水量/亿 m³	射阳河	12.51	15.55	12.57	−2.98	17.98	2.43	16.45	13.93	−2.52	19.28	2.83
	黄沙港	3.21	4.20	3.16	−1.04	2.77	−1.43	4.70	3.44	−1.26	3.35	−1.35
	新洋港	6.78	8.69	11.13	2.44	9.35	0.66	9.57	12.08	2.51	10.03	0.46
	斗龙港	2.51	3.58	2.37	−1.21	2.57	−1.01	4.09	2.79	−1.30	2.93	−1.16
	川东港	3.60	5.02	3.83	−1.19	3.51	−1.51	5.94	4.46	−1.48	4.01	−1.93
	合计	28.61	37.04	33.06	−3.98	36.18	−0.86	40.75	36.70	−4.05	39.60	−1.15
2.5m 水位以上围水时间/d	兴化	0	0	0	0	0	0	4	1	−3	0	−4
	射阳镇	0	3	0	−3	0	−3	5	2	−3	0	−5
	流均	0	5	0	−5	0	−5	7	4	−3	2	−5

表 7－26　　　　　　2007 年雨型计算成果分析

雨　型		2007 年型										
标　准		5年一遇	10年一遇					20年一遇				
计算结果		现状	现状	近期	比现状增减	远期	比现状增减	现状	近期	比现状增减	远期	比现状增减
主要节点水位/m	溱潼	2.28	2.75	2.46	−0.29	2.11	−0.64	3.06	2.85	−0.21	2.57	−0.49
	三垛	2.50	2.89	2.54	−0.35	2.28	−0.61	3.11	2.92	−0.19	2.69	−0.42

续表

雨　　型		2007 年 型									
标　　准		5 年一遇	10 年一遇					20 年一遇			
计算结果		现状	现状	近期	比现状增减	远期	比现状增减	现状	近期	比现状增减	远期	比现状增减
主要节点水位/m	兴化	2.37	2.77	2.47	−0.30	2.16	−0.61	3.04	2.84	−0.20	2.60	−0.44
	盐城	1.93	2.23	1.91	−0.32	1.70	−0.53	2.45	2.18	−0.27	1.91	−0.54
	射阳镇	2.29	2.56	2.28	−0.28	2.08	−0.48	2.78	2.62	−0.16	2.40	−0.38
	建湖	2.02	2.32	2.01	−0.31	1.85	−0.47	2.53	2.31	−0.22	2.02	−0.51
	阜宁	1.79	2.09	1.79	−0.30	1.48	−0.61	2.33	2.06	−0.27	1.69	−0.64
	通洋港	1.45	1.77	1.49	−0.28	1.08	−0.69	1.95	1.71	−0.24	1.23	−0.72
腹部地区最大日均排涝流量/(m³/s)	射阳河	396	372	411	39	451	79	414	421	7	491	77
	黄沙港	160	216	170	−46	165	−51	249	226	−23	220	−29
	新洋港	302	420	477	57	421	1	511	586	75	495	−16
	斗龙港	128	190	167	−23	156	−34	243	231	−12	210	−33
	川东港	85	152	115	−37	59	−93	133	118	−15	106	−27
	串通河	9	10	9	−1	102	92	12	11	−1	112	100
	海河	38	31	39	8	61	30	32	39	7	69	37
	潭洋河	9	17	16	−1	15	−2	23	24	1	18	−5
	外排合计	1127	1408	1404	−4	1430	22	1617	1656	39	1721	104
腹部地区排水量/亿 m³	射阳河	7.93	8.52	7.75	−0.77	8.95	0.43	9.00	8.33	−0.67	9.60	0.60
	黄沙港	2.84	3.52	3.09	−0.43	3.88	0.36	4.08	3.56	−0.52	4.20	0.12
	新洋港	5.84	6.79	9.09	2.30	8.51	1.72	7.94	10.05	2.11	9.30	1.36
	斗龙港	2.18	2.90	2.65	−0.25	2.49	−0.41	3.54	3.33	−0.21	3.04	−0.50
	川东港	1.64	2.18	1.55	−0.63	0.99	−1.19	2.75	2.02	−0.73	1.28	−1.47
	串通河	0.15	0.18	0.15	−0.03	2.07	1.89	0.21	0.17	−0.04	2.23	2.02
	海河	0.43	0.47	0.40	−0.07	0.90	0.43	0.55	0.45	−0.10	0.94	0.39
	潭洋河	0.07	0.15	0.25	0.10	0.31	0.16	0.17	0.11	−0.06	0.35	0.18
	合计	21.08	24.71	24.93	0.22	28.10	3.39	28.24	28.19	−0.05	30.94	2.70
全区排水量/亿 m³	射阳河	11.91	13.38	11.88	−1.50	17.24	3.86	15.15	13.13	−2.02	18.54	3.39
	黄沙港	3.07	3.58	3.07	−0.51	2.88	−0.70	4.07	3.34	−0.73	3.33	−0.74
	新洋港	6.50	7.51	10.69	3.18	9.03	1.52	8.56	11.74	3.18	9.75	1.19
	斗龙港	2.40	2.99	2.29	−0.70	2.51	−0.48	3.60	2.76	−0.84	2.95	−0.65
	川东港	3.52	4.35	3.81	−0.54	3.30	−1.05	5.19	4.55	−0.64	3.94	−1.25
	合计	27.40	31.81	31.74	−0.07	34.96	3.15	36.57	35.52	−1.05	38.51	1.94
2.5m 水位以上围水时间/d	兴化	0	3	0	−3	0	−3	4	4	0	1	−3
	射阳镇	0	2	0	−2	0	−2	7	3	−4	0	−7
	流均	0	3	0	−3	0	−3	8	3	−5	0	−8

表 7-27　　50 年一遇计算成果分析

标准：50 年一遇

计算结果	1991年型 现状	1991年型 近期	1991年型 比现状增减	2006年型 现状	2006年型 近期	2006年型 比现状增减	2006年型 近期	2006年型 比现状增减	2007年型 现状	2007年型 近期	2007年型 比现状增减	2007年型 近期	2007年型 比现状增减
主要节点水位/m													
溱潼	3.14	3.09	-0.05	2.94	2.82	-0.12	2.55	-0.39	3.24	3.18	-0.06	3.03	-0.21
三垛	3.17	3.10	-0.07	3.02	2.89	-0.13	2.71	-0.31	3.28	3.19	-0.09	3.09	-0.19
兴化	3.13	3.07	-0.06	2.96	2.88	-0.08	2.68	-0.28	3.22	3.16	-0.06	3.03	-0.19
盐城	2.64	2.41	-0.23	2.67	2.51	-0.16	2.33	-0.34	2.65	2.47	-0.18	2.24	-0.41
射阳镇	2.98	2.87	-0.11	2.93	2.87	-0.06	2.75	-0.18	3.01	2.96	-0.05	2.83	-0.18
建湖	2.80	2.65	-0.15	2.79	2.69	-0.10	2.56	-0.23	2.76	2.63	-0.13	2.4	-0.36
阜宁	2.69	2.56	-0.13	2.66	2.55	-0.11	2.38	-0.28	2.56	2.38	-0.18	1.99	-0.57
通洋港	2.18	2.11	-0.07	2.16	2.10	-0.06	1.73	-0.43	2.10	1.98	-0.12	1.44	-0.66
腹部地区最大日均排涝流量/(m³/s)													
射阳河	650	564	-86	663	612	-51	684	21	560	459	-101	595	35
黄沙港	276	260	-16	297	277	-20	318	21	322	273	-49	281	-41
新洋港	545	686	141	550	697	147	694	144	644	720	76	607	-37
斗龙港	310	296	-14	289	278	-11	261	-28	335	320	-15	291	-44
川东港	307	221	-86	266	194	-72	149	-117	295	222	-73	88	-207
串通河	23	19	-4	23	20	-3	167	144	18	14	-4	137	119
海河	70	56	-14	69	59	-10	74	5	56	38	-18	89	33
潭洋河	21	31	10	30	34	4	23	-7	33	33	0	25	-8
外排合计	2202	2133	-69	2187	2171	-16	2370	183	2263	2079	-184	2113	-150

续表

标准：50 年一遇

计算结果		1991年型			2006年型			2007年型		
		现状	近期	比现状增减	现状	近期	比现状增减	现状	近期	比现状增减
腹部地区排水量/亿 m³	射阳河	11.25	9.82	-1.43	10.00	9.00	-1.00	10.00	11.00	1.00
	黄沙港	5.04	4.53	-0.51	4.59	4.02	-0.57	4.87	4.65	-0.22
	新洋港	10.04	12.35	2.31	8.86	11.45	2.59	9.42	10.52	1.10
	斗龙港	5.04	4.73	-0.31	4.15	3.95	-0.20	4.48	3.92	-0.56
	川东港	3.68	2.83	-0.85	2.87	2.13	-0.74	3.52	1.87	-1.65
	串通河	0.30	0.25	-0.05	0.27	0.23	-0.04	0.26	2.47	2.21
	海河	0.84	0.67	-0.17	0.78	0.64	-0.14	0.73	1.03	0.30
	潭洋河	0.29	0.40	0.11	0.21	0.35	0.14	0.26	0.41	0.15
	合计	36.48	35.58	-0.90	31.73	31.77	0.04	33.54	35.87	2.33
全区排水量/亿 m³	射阳河闸	18.63	16.65	-1.98	17.13	15.9	-1.23	17.4	15.4	-2.00
	黄沙港闸	5.36	4.81	-0.55	4.96	4.11	-0.85	4.93	4.37	-0.56
	新洋港闸	11.17	14.44	3.27	9.96	13.53	3.57	10.07	13.23	3.16
	斗龙港闸	5.15	4.02	-1.13	4.45	3.47	-0.98	4.49	3.56	-0.93
	川东港闸	7.16	6.43	-0.73	6.05	5.39	-0.66	6.31	5.62	-0.69
	合计	47.47	46.35	-1.12	42.55	42.4	-0.15	43.2	42.18	-1.02
2.5m 水位以上雨水时间/d	兴化	12	9	-3	6	4	-2	9	6	-3
	射阳镇	13	10	-3	9	7	-2	12	8	-4
	流均	13	11	-2	9	8	-1	12	10	-2
3.0m 水位以上雨水时间/d	兴化	4	2	-2	0	0	0	4	2	-2
	射阳镇	0	0	0	0	0	0	1	0	-1
	流均	2	0	-2	2	0	-2	1	0	-1

2. 现状成果分析

（1）遇5年一遇各种年型降雨，兴化水位均低于2.5m，湖荡滞洪圩不需滞蓄。圩内积水可及时抽排，能有效除涝。根据计算河网水位与排涝设计水位对比，复核现状除涝能力，南部地区已能满足各种年型5年一遇排涝标准，而北部地区仍不能达到2006年型5年一遇排涝标准。

（2）遇10年一遇各种年型降雨，在湖荡启用第一批滞涝圩的基础上，兴化水位均不超过2.8m。2006年型北部地区水位高于排涝设计水位0.3m以上，但低于防洪设计水位。全区圩堤防洪能力均能够防御外河网水位，即全区能满足各种年型的10年一遇防洪标准。

（3）遇20年一遇各种年型降雨，均需要启用滞涝圩。1991年型阜宁水位略高于防洪设计水位，2006年型北部地区水位高于防洪设计水位，2007年型南部地区水位接近防洪设计水位。此时圩区内部涝水已不能全部及时排除，现状圩堤在近期几次大水加高加固后，挡洪能力能够抵御外河水位，但防洪压力较大。

（4）遇50年一遇各种年型降雨，在湖荡全部滞蓄的状况下，各地最高水位外包值均超过防洪设计水位，并达到了2003年大水以来的最高水位。绝大部分圩内积水不能及时排除，甚至会出现限排、停排的不利情况。兴化、流均水位3.0m以上围水时间为2～4日，现状圩堤会出现破圩淹没的危险。

等水位分布情况反映，现状工情腹部地区已基本形成较合理的排水格局，自排入海和抽排入江的范围已笼罩全部里下河腹部。五港整治后，上游卡口段大部分已经打通，河道比降有所调整，但通榆河一线水位抬高后，通榆河至黄海之间干河的等水位线较腹部地区排水更密集，暴露出垦区的四港排水能力与腹部地区不相适应的新问题。

根据以上计算成果分析，随着区域圩区动力迅速增加、工情水情等情况的变化，里下河地区的排水形势已发生了很大的变化。在相继建成高港站和开辟川东港后，腹部南部地区排水能力不断扩大；而北部外排出路增加有限，四港整治加快了上游洪水下泄速度，通榆河开通又将南部地区高水向北调度，北部地区的洪涝压力在逐步加大。从而改变了历史上北部地区排水条件优于南部地区的状态，带来地区之间排水新的不平衡和新矛盾。

3. 规划工情分析

（1）近期规划工情。遇10年一遇降雨，1991年型和2007年型全区最高水位均低于外河网设计水位，兴化水位低于2.5m。圩内积水可及时抽排，能有效除涝，即全区已能满足这两种年型10年一遇排涝标准。但遇2006年型降雨，北部阜宁、斗北地区最高水位仍高于外河网设计水位0.3m以上，排水压力仍然较大。

遇20年一遇降雨，各种年型全区水位基本均低于防洪设计水位。在圩内正常抽排的情况下，现状圩堤基本上可安全防御，即满足20年一遇防洪标准。

遇50年一遇降雨，1991年型全区水位基本低于防洪设计水位，达到50年一遇防洪标准。2006年型的北部地区和2007年型的南部地区最高水位仍高于设计防洪水位，但通过治理，兴化、射阳镇、流均3.0m以上围水时间较现状分别减少1～2日，在加强圩堤防护、抢险基础上，可以基本达到不破圩挡得住。

（2）远期工程。遇 10 年一遇降雨，各种年型全区最高水位均低于除涝设计水位，圩内积水可及时抽排，能有效除涝，即可全面满足 10 年一遇排涝标准。

遇 20 年一遇降雨，1991 年型在阜宁和斗北地区、2006 年型在腹北和斗北地区、2007 年型在南部地区最高水位均高于除涝水位。其余情况各地水位基本满足外河网设计水位，圩内积水可及时抽排，能有效除涝，兴化、流均水位超过 2.5m 仅有 1～2 日，即排涝条件得到大幅度改善，部分地区接近 20 年一遇排涝标准。

遇 50 年一遇降雨，各种年型全区最高水位均低于设计防洪水位，外河高水持续时间缩短，其中仅 2007 年型兴化水位高于 3.0m 时间 1 日。圩区排水可不受限制，内部积水能及时排出，通过加强圩堤防护，骨干河道圩堤基本能防御区域洪水，区域防洪向 50 年一遇标准过渡。

等水位分布情况反映，规划工情已基本形成较合理的排水格局，自排入海和抽排入江的范围已笼罩全部里下河地区。当雨量北部大于南部时，水位向东入海和向南入江都形成了一定的水位比降；当雨量南大北小时，也有明显的两大排水系统。行政区划之间的水系已经打通，堵塞不通现象已明显消失。整个里下河地区将形成功能完备、调度灵活、空间均衡的防洪排涝工程体系。

参 考 文 献

［1］ 江苏省地方志编纂委员会 . 江苏省志·水利志 ［M］. 南京：江苏古籍出版社，2001.

［2］ 陈克天 . 江苏治水回忆录 . ［M］. 南京：江苏人民出版社，2000.

［3］ 江苏省水利工程规划办公室等 . 里下河地区水利规划报告（2004 年征求意见稿）. ［R］. 南京：
江苏省水利厅，2004.

［4］ 江苏省水利勘测设计研究院有限公司 . 里下河地区湖泊湖荡保护规划 ［R］. 南京：江苏省水利
厅，2006.

［5］ 江苏省革命委员会水利局 . 江苏省近两千年洪涝旱潮灾害年表 ［R］. 南京：江苏省革命委员会水
利局，1976.

［6］ 江苏省防洪规划报告 ［R］. 南京：江苏省水利厅，2011.

［7］ 毛媛媛，兰林，张颖，等 . 里下河地区河湖水生态保护与修复措施研究 ［J］. 江苏水利，
2015（3）.

［8］ 陈锡林，闻余华，王永东，等 . 里下河地区引江能力分析 ［J］. 人民长江，2007，38（8）：
43 - 45.

［9］ 闻余华，董家根，宋玉 . 江苏省江水东调工程引江能力分析 ［J］. 江苏水利，2002（2）.

［10］ 万晓凌，董家根，陆小明，等 . 我省引长江水量分析 ［J］. 江苏水利，2011（12）.

［11］ 王锡冬，石建华 . 里下河河网模型研究及应用 ［J］. 水文，2000（S1）.

［12］ 何惠，张建云 . 马斯京根法参数的一种数学估计方法 ［J］. 水文，1998（5）.

［13］ 白玉川，万艳春，黄本胜，等 . 河网非恒定流数值模拟的研究进展 ［J］. 水利学报，2000（12）.

［14］ 李义天 . 河网非恒定流隐式方程组的汊点分组解法 ［J］. 水利学报，1997（3）.

［15］ 侯玉，卓建民，郑国权 . 河网非恒定流汊点分组解法 ［J］. 水科学进展，1999，10（1）.

［16］ 徐小明，何建京，汪德爟 . 求解大型河网非恒定流的非线性方法 ［J］. 水动力学研究与进展，
2001（3）.

［17］ 江苏省防汛防旱指挥部办公室 . 里下河地区沿海引江冲淤保港及改善水环境试验研究分析报
告 ［R］. 南京：2008.